乙級建築物室內裝修
技術士術科題庫整理

田金榮　編著

 全華圖書股份有限公司

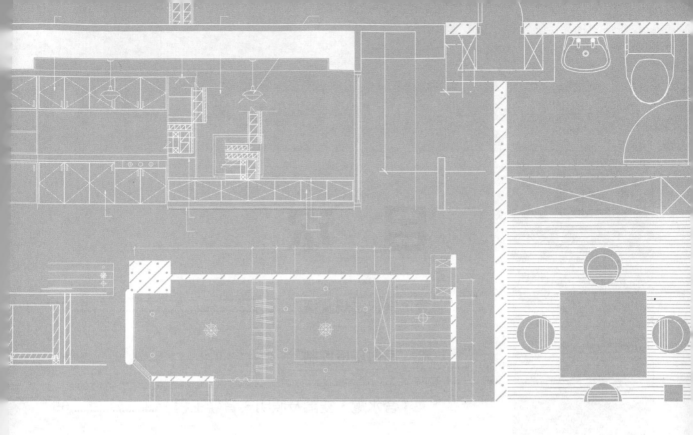

編者的話

　　本書主要針對歷年乙級室內裝修施工管理術科試題予以編輯成冊，其中最主要由網路擷取歷年之試題，並參酌許多參考書籍，加以集結而成。目前試題已經由勞動部勞發署網站予以公布。因此得以嘉惠讀者，惟參考答案仍無公布，因此只能從各個不同版本及參考書取得類似答案以饗讀者。所以請各位讀者僅能以「參考答案」視之，最主要仍以服務讀者大眾為本書編輯之初衷及心願。

　　從以往所出版之術科試題整理，一直受到讀者們的支持、鼓勵及指正，筆者在此向各位讀者致上十二萬分之謝意。另外，更須感謝全華科技圖書公司給筆者這個機會，可以將本書面世與讀者們有共同切磋的機會。最後更特別感謝編輯部美工組的同仁們的辛勞付出，讓本書得以如期付梓，嘉惠讀者，謝謝大家！

編者

田金榮 謹識於2015年春

2015.06.03

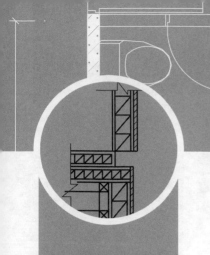

目　次

壹 營建法規彙編

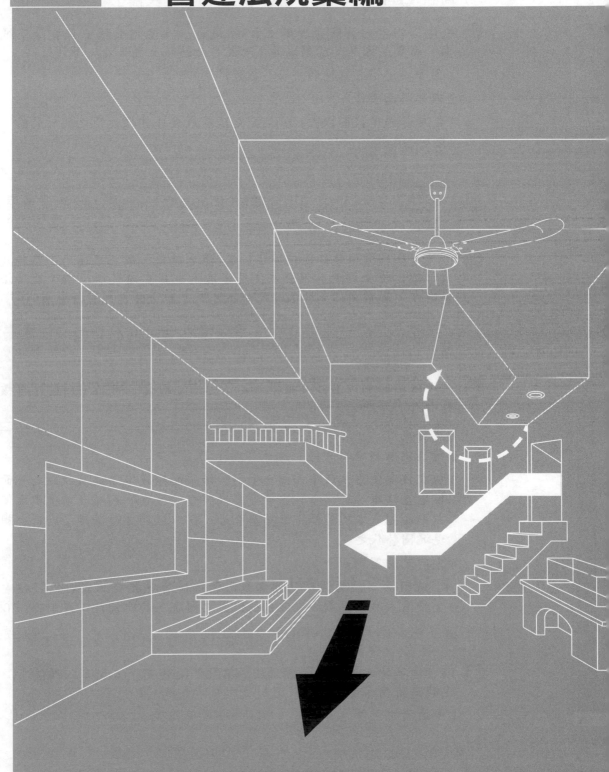

1 某一業主居住於實施都市計畫地區市區一棟10層雙併集合住宅的第5層樓，其權狀面積有100坪，今擬作整體之室內裝修，請依《建築物室內裝修管理辦法》之規定，回答下列問題？

（一）何謂《建築法》體系中之「建築物室內裝修」？

答 依建築物室內裝修管理辦法第3條規定，「室內裝修」係指除壁紙、壁布、窗簾、家具、活動隔屏、地氈等之黏貼及擺設外之下列行為：

1.固著於建築物構造體之天花板裝修。

2.內部牆面裝修。

3.高度超過地板面以上1.2m固定之隔屏或兼作櫥櫃使用之隔屏裝修。

4.分間牆變更。

（二）何種建築物進行室內裝修時，應先向當地主管機關申請何種審查許可後，方可交由領有建築物室內裝修登記證之營造業或室內裝修業進行施工？

答 依《建築物室內裝修管理辦法》第2條之規定，供公眾使用建築物及經內政部認定有必要之非供公眾使用建築物，其室內裝修應依管理辦法之規定辦理。故前開建築物依管理辦法之規定應申請室內裝修審查許可。

（三）申請室內裝修許可時，業主應準備哪些圖面及書面文件送主管機關審查？

答 依《建築物室內裝修管理辦法》第23條之規定，申請室內裝修審核時，應檢附下列圖說文件：

1.申請書。

2.建築物權利證明文件。

3.前次核准使用執照平面圖、室內裝修平面圖或申請建築執照之平面圖。但經直轄市、縣（市）主管建築機關查明檔案資料確無前次核准使用執照平面圖或室內裝修平面圖屬實者，得以經開業建築師簽證符合規定之現況圖替代之。

4.室內裝修圖說。

前項第三款所稱現況圖為載明裝修樓層現況之防火避難設施、消防安全設備、防火區劃、主要構造位置之圖說，其比例尺不得小於1/200。

（四）續（三），主管建築機關或審查機構應就哪些項目進行審查？

答 依《建築物室內裝修管理辦法》第26條之規定，直轄市、縣（市）主管建築機關或審查機構應就下列項目加以審核：

1.申請圖說文件應齊全。

2.裝修材料及分間牆構造應符合《建築技術規則》之規定。

3.不得妨害或破壞防火避難設施、防火區劃及主要構造。

（五）依《建築技術規則》規定，本案進行室內裝修時，其所使用之材料有受何種限制？

答 因本題為10樓雙併集合住宅，乃屬供公眾使用建築物之範圍，依《建築技術規則》及《建築法》第73條執行要點，係為H2類。

建築物類別	組別	供該用途之專用樓地板面積合計	內部裝修材料居室或該使用部分	內部裝修材料通達地面之走廊及樓梯
A類公共集會類	A-1 A-2	全部	耐燃三級以上	耐燃二級以上
B類商業類	B-1 B-2 B-3 B-4	全部	耐燃三級以上	耐燃二級以上
C類工業、倉儲類	C-1 C-2	全部	耐燃二級以上 耐燃三級以上	耐燃二級以上
D類休閒、文教類	D-1 D-2 D-3 D-4 D-5	全部	耐燃三級以上	耐燃二級以上
E類宗教、殯葬類	E	全部	耐燃三級以上	耐燃二級以上
F類衛生、福利、更生類	F-1 F-2 F-3 F-4	全部	耐燃三級以上	耐燃二級以上
G類辦公、服務類	G-1 G-2 G-3	全部	耐燃三級以上	耐燃二級以上
H類住宿類	H-1 H-2	全部 —	耐燃三級以上 —	耐燃二級以上 —
I類危險物品類	I	全部	耐燃一級	耐燃一級

由於本建築物屬H2類，故室內裝修之材料依上表所示，並無任何限制。

2 試說明火災的種類及發生的原因？並說明消防安全設備的種類有哪些？以及火災發生時應選用何種消防滅火設備。

答 1.依燃燒之性質將火災分為四類：

(1)A類火災：又稱普通火災，係由木材、紙、布等普通可燃物所引起之火災，可利用水撲滅。

(2)B類火災：又稱油類火災，係由動植物油類、石油類等半固體性油脂之引火性物質所引起，必須以CO_2、乾粉或泡沫滅火劑撲滅之。

(3)C類火災：又稱電氣火災，係由電壓器、電線、配電盤等電氣設備所引起之火災，須使用CO_2、乾粉或泡沫滅火劑撲滅之。

(4)D類火災：係由可燃性金屬如：鉀、鈉、鎂等引起之火災，必須使用特種金屬化學乾粉撲滅之。

2.消防安全設備的種類有：

(1)滅火設備：指以水或其他滅火藥劑滅火之器具或設備。

(2)警報設備：指報知火災發生之器具或設備。

(3)避難逃生設備：指火災發生時為避難而使用之器具或設備。

(4)消防搶救上必要設備：指火災發生時消防人員從事搶救活動上必需之器具或設備。

(5)其他經中央消防主管機關認定之設備。

---

3 試說明防火門窗包含哪些組件，以及常時關閉式及常時開放式防火門之規定有哪些。

答 防火門窗係指防火門及防火窗，其組件包括門窗扇、門窗樘、開關五金、嵌裝玻璃、通風百葉等配件或構材；其構造應依下列規定：

1.防火門窗周邊15cm範圍內之牆壁應以不燃材料建造。

2.防火門之門扇寬度應在75cm以上，高度應在180cm以上。

3.常時關閉式之防火門應依下列規定：

(1)免用鑰匙即可開啟，並應裝設經開啟後可自行關閉之裝置。

(2)單一門扇面積不得超過$3m^2$。

(3)不得裝設門止。

(4)門扇或門樘上應標示常時關閉式防火門等文字。

4.常時開放式之防火門應依下列規定：

(1)可隨時關閉，並應裝設利用煙感應器連動或其他方法控制之自動關閉裝置，使能於火災發生時自動關閉。

(2)關閉後免用鑰匙即可開啟，並應裝設經開啟後可自行關閉之裝置。

(3)採用防火捲門者，應附設門扇寬度在75cm以上，高度在180cm以上之防火門。

5.防火門應朝避難方向開啟，但供住宅使用及宿舍寢室、旅館客房、醫院病房等連接走廊者，不在此限。

4 依據《各類場所消防安全設備設置標準》之規定，說明避難器具應包括哪些種類？

答 避難器具是指滑臺、避難梯、避難橋、救助袋、緩降機、避難繩索、滑杆及其他避難器具。

【註】：第10條避難逃生設備種類如下：
    1.標示設備：出口標示燈、避難方向指示燈、避難指標。
    2.避難器具：指滑臺、避難梯、避難橋、救助袋、緩降機、避難繩索、滑杆及其他避難器具。
    3.緊急照明設備。

5 請問建築法系中，將建築物用途分成哪九大類？

答 1.A類公共集會類。
2.B類商業類。
3.C類工業、倉儲類。
4.D類休閒、文教類。
5.E類宗教、殯葬類。
6.F類衛生、福利、更生類。
7.G類辦公、服務類。
8.H類住宿類。
9.I類危險物品類。

6 現有某業主在臺北市商圈經營一6層樓（未附設地下室），且其總樓地板面積為1500坪之中型百貨公司，由於近來業績不佳，故擬打算改變室內裝修或另外更改經營他種行業，請依下列情況分別作答。

（一）業主仍希望維持原百貨之經營，但僅對原有牆面、天花板油漆、貼壁紙、加設裝飾線板，地面改舖花崗石及改變其他家具之擺飾時，請問此行為是否須送主管機關審查許可？為什麼？

（二）幾經思索後，打算將現有百貨業之空間，改變為旅館，並進行室內空間整體裝修，如此其將面臨一些相關法規問題，試就下列問題作正確之回答？

1.依《建築法》第77條之2規定，此業主及室內裝修從業者應遵守哪些規定？

2.續上題若違反該規定，主管機關得依《建築法》如何處罰之？

3.依《建築技術規則》之規定，說明本案旅館之室內裝修所使用之材料有何限制？

4.依《各類場所消防安全設備設置標準》之規定，列舉三項旅館場所應設置之設備？

答 （一）依《建築物室內裝修管理辦法》第2條規定，供公眾使用建築物及經內政部認定有必要之非供公眾使用建築物，其室內裝修應依本辦法之規定辦理。又該辦法第3條規定，本辦法所稱「室內裝修」，係指固著於建築物構造體之天花板、內部牆面或高度超過1.2m固定於地板之隔屏或兼作櫥櫃使用之隔屏之裝修施工或分間牆之變更，但不包括壁紙、壁布、窗簾、家具、活動隔屏、地氈等之黏貼及擺設。因此，本題之中型百貨公司雖屬供公眾使用建築物之範圍，但尚不涉屬上述規定之室內裝修行為，故無需申請許可。

（二）1.《建築法》第77條之2建築物室內裝修應遵守下列規定：

(1)供公眾使用建築物之室內裝修應申請審查許可，非供公眾使用建築物，經內政部認有必要時，亦同。但中央主管機關得授權建築師公會或其他相關專業技術團體審查。

(2)裝修材料應合於《建築技術規則》之規定。

(3)不得妨害或破壞防火避難設施、消防設備、防火區劃及主要構造。

(4)不得妨害或破壞保護民眾隱私權設施。

前項建築物室內裝修應由經內政部登記許可之室內裝修從業者辦理。室內裝修從業者應經內政部登記許可，並依其業務範圍及責任執行業務。

前三項室內裝修申請審查許可程序、室內裝修從業者資格、申請登記許可程序、業務範圍及責任，由內政部定之。

2.《建築法》第95條之1規定如下：

(1)違反第77條之2第1項或第2項規定者,處建築物所有權人、使用人或室內裝修從業者新臺幣6萬元以上30萬元以下罰鍰,並限期改善或補辦,逾期仍未改善或補辦者得連續處罰;必要時強制拆除其室內裝修違規部分。

(2)室內裝修從業者違反第77條之2第3項規定者,處新臺幣6萬元以上30萬元以下罰鍰,並得勒令其停止業務,必要時並撤銷其登記;其為公司組織者,通知該管主管機關撤銷其登記。

(3)經依前項規定勒令停止業務,不遵從而繼續執業者,處一年以下有期徒刑、拘役或科或併科新臺幣30萬元以下罰金,其為公司組織者,處罰其負責人及行為人。

3.供該用途之專用樓地板面積合計全部之內部裝修材料:

(1)居室或該使用部分:耐燃三級以上。

(2)通達地面之走廊及樓梯:耐燃二級以上。

4.依《各類場所消防安全設備設置標準》第7條規定,各類場所消防安全設備如下:

(1)滅火設備:指以水或其他滅火藥劑滅火之器具或設備。

(2)警報設備:指報知火災發生之器具或設備。

(3)避難逃生設備:指火災發生時,為避難而使用之器具或設備。

(4)消防搶救上之必要設備:指火警發生時,消防人員從事搶救活動上必需之器具或設備。

(5)其他經中央消防主管機關認定之消防安全設備。

依《各類場所消防安全設備設置標準》第8條規定,滅火設備種類如下:

(1)滅火器、消防砂。

(2)室內消防栓設備。

(3)室外消防栓設備。

(4)自動灑水設備。

(5)水霧滅火設備。

(6)泡沫滅火設備。

(7)二氧化碳滅火設備。

(8)乾粉滅火設備。

依《各類場所消防安全設備設置標準》第9條規定,警報設備種類如下:

(1)火警自動警報設備。

(2)手動報警設備。

(3)緊急廣播設備。

(4)瓦斯漏氣火警自動警報設備。

依《各類場所消防安全設備設置標準》第10條規定，避難逃生設備種類如下：

(1)標示設備：出口標示燈、避難方向指示燈、避難指標。

(2)避難器具：指滑臺、避難梯、避難橋、救助袋、緩降機、避難繩索、滑杆及其他避難器具。

(3)緊急照明設備。

依《各類場所消防安全設備設置標準》第11條規定，消防搶救上之必要設備種類如下：

(1)連結送水管。

(2)消防專用蓄水池。

(3)排煙設備（緊急升降機間、特別安全梯間排煙設備、室內排煙設備）。

(4)緊急電源插座。

(5)無線電通信輔助設備。

---

7 依據《建築技術規則》中對於一般之用語定義，請說明何謂外牆、分戶牆、承重牆、分間牆及帷幕牆。

答 外牆：建築物外圍之牆壁。

分間牆：分隔建築物內部空間之牆壁。

分戶牆：分隔住宅單位與住宅單位或住戶與住戶或不同用途區劃間之牆壁。

帷幕牆：構架構造建築物之外牆，除承載本身重量及其所受之地震、風力外，不再承載或傳導其他載重之牆壁。

承重牆：承受本身重量及本身所受地震、風力外，並承載及傳導其他外壓力及載重之牆壁。

---

8 某業主甲，欲將其原經營於商業大樓中第8樓之餐廳（總樓地板面積為800m²），頂讓給好友乙繼續經營，其好友乙為了製造明亮的空間，隨即休業數週，並進行空間之整體裝修，試問其進行室內設計裝修前應注意哪些相關法規問題？

（一）依《建築物室內裝修管理辦法》規定，室內裝修從業者包括哪些種類？並說明其業務範圍。

（二）依《建築物室內裝修管理辦法》規定，其好友乙進行室內裝修施工前，是否須申請審查許可？為什麼？

（三）承（二）若須申請審查許可，試問其好友乙須準備哪些圖面及書面文件，送交主管機關審查？

（四）續（三），試問主管建築機關或審查機構，應就哪些項目加以審查？

（五）依《建築技術規則》規定，試問其好友乙進行整體空間室內裝修時，其所使用之材料有受何種限制？

答 （一）依《建築物室內裝修管理辦法》第4條規定，本辦法所稱室內裝修從業者，係指開業建築師、營造業及室內裝修業。

1. 依法登記開業之建築師得從事室內裝修設計業務。

2. 依法登記開業之營造業得從事室內裝修施工業務。

3. 室內裝修業得從事室內裝修設計或施工之業務。

（二）依《建築物室內裝修管理辦法》第2條規定，供公眾使用建築物及經內政部認定有必要之非供公眾使用建築物，其室內裝修應依本辦法之規定辦理。因本餐廳之總樓地板面積為800m²，依據內政部64年8月20日臺內營字第642915號函「供公眾使用建築物之範圍」中規定，總樓地板面積在300m²以上之餐廳，即屬於供公眾使用建築物之範圍，故應依《建築物室內裝修管理辦法》之規定申請審查許可。

（三）依《建築物室內裝修管理辦法》第23條之規定，申請室內裝修審核時，應檢附下列圖說文件：

1. 申請書。

2. 建築物權利證明文件。

3. 前次核准使用執照平面圖、室內裝修平面圖或申請建築執照之平面圖。但經直轄市、縣（市）主管建築機關查明檔案資料確無前次核准使用執照平面圖或室內裝修平面圖屬實者，得以經開業建築師簽證符合規定之現況圖替代之。

4. 室內裝修圖說。

　　前項第三款所稱現況圖為載明裝修樓層現況之防火避難設施、消防安全設備、防火區劃、主要構造位置之圖說，其比例尺不得小於1/200。

（四）依《建築物室內裝修管理辦法》第26條之規定，直轄市、縣（市）主管建築機關或審查機構應就下列項目加以審核：

1. 申請圖說文件應齊全。

2. 裝修材料及分間牆構造應符合《建築技術規則》之規定。

3.不得妨害或破壞防火避難設施、防火區劃及主要構造。

（五）本餐廳因屬供公眾使用建築物之範圍，依《建築技術規則》及《建築法》第73條執行要點，本餐廳屬於B-3類，應依《建築技術規則》建築設計施工編第88條B類辦理。

建築物類別	組別	供該用途之專用樓地板面積合計	內部裝修材料居室或該使用部分	內部裝修材料通達地面之走廊及樓梯
A類公共集會類	A-1 A-2	全部	耐燃三級以上	耐燃二級以上
B類商業類	B-1 B-2 B-3 B-4	全部	耐燃三級以上	耐燃二級以上
C類工業、倉儲類	C-1	全部	耐燃二級以上	耐燃二級以上

9 試問消防安全設備中之自動灑水設備應包括哪些項目方屬完整？請詳列說明。

答 自動灑水設備它是藉由火災時產生的熱氣熔解灑水頭之易熔金屬而開放噴水，同時藉著水的流動而由警報閥自動發出警報信號，故自動灑水設備應包括灑水管系、灑水頭、水箱及自動警報閥等幾種裝置。

1.灑水頭
2.給水配管
3.自動警報逆止閥
4.查驗管
5.水源
6.自動灑水送水口

10 請問一般結構行為中，影響「挫屈」（Buckling）的因素為何？

答 1.長細比
2.端點接頭型式
3.作用力之偏心距
4.材料本身之缺陷
5.桿件之起始彎曲變形
6.製造時之殘留應力

11 請問一般作用在建築物上之荷重可能有哪些？

答 依《建築技術規則》構造篇分：垂直載重、橫力載重及其他載重。

（一）垂直載重：

1.靜載重（即建築物之自重）：

(1)建築物材料重量

(2)屋面重量

(3)天花板重量

(4)地板面重量

(5)牆壁重量

(6)其他固定於建築物構造上之各物重量。

2.活載重（係可移動之重量）：

(1)人員重量、動物重量、家具設備重量、儲藏物品、活動隔間、工廠機器重量。

(2)雪載重、欄杆橫力、衝擊活載重、地下室水壓力、地下室地板水浮力。

(3)垂直載重中，不屬於靜載重者，均為活載重。

（二）橫力載重：

1.風載重，$P=CQA$，$Q=60\sqrt{h}$

2.地震載重，$V=ZKCIW$（S）

3.土壤壓力（主動、被動、靜止土壓）

4.水壓力或冰壓力

5.爆炸壓力

6.海浪壓力或繫環壓力

（三）其他載重：

1.溫度引起之荷重——建築物因冬夏季溫度變化所產生應力。

2.基礎不均勻沉陷所引起之意外荷重。

3.由於施工製造安裝所引起之應力荷重。

4.由於共振現象造成建築物破壞之共振載重。

（四）火災載重：按樓板面積設計，指建築物每單位面積中之易燃物質數量。

（五）火災耐久能力：受火災時，導致結構破壞所需之時間。

12 請問何謂「震源」？何謂「震央」？何謂「地震階級」？何謂「斷層」？

答 （一）震源：在G.L發生斷層相互移動之點，稱之。

（二）震央：震源在平面上之垂直投影，稱之；因此，發生地震之來源稱為震源，而震源垂直投影至地面之點稱為震央。

（三）地震階級（地震強度階級）：審判地震災害大小之標準稱之。

1. 又叫震度，乃對地震破壞強度之一種定性指標，通常由現場人們之感覺及目視調查結果來定之。

2. 由於各目標點至震源距離不同，且地震經過長距離之作用，因而各地會有不同強度之現象。

3. 分類：

(1)基於工程觀點決定其大小，以數據定之。

(2)基於實際觀點決定其大小，以一般民眾感覺而定出之大小。

(3)目前有ＭＭ（麥氏12級）與ＪＭＡ（8級）二種分類法（【註】：臺灣7級）。

（四）斷層：地殼變動而發生板裂性變形所造成的一種地質構造現象，主要特徵是板裂面兩側的岩石會沿著破裂面發生相對移動。

13 請問《建築法》中，對於違反行政義務之制裁為何？

答 1. 罰鍰

2. 勒令停工

3. 勒令修改

4. 封閉建築物或停止使用

5. 勒令拆除

6. 強制拆除

7. 沒入建築材料

14 請問何謂「違章建築」？試依法規內容敘述之。

答 《建築法》適用地區內，依法應申請當地主管建築機關之審查許可，並發給執照方能建築，而擅自建築之建築物。

標

15 請問何謂「程序違建」？試依法規內容敘述之。

答 建築物之建材、高度、結構與建蔽率等均不違反當地都市計畫及建築法令，且獲得土地使用權，僅於程序上疏失，未領建築執照，擅自興工者而言。

16 請問何謂「實質違建」？試依法規內容敘述之。

答 未依《建築法》及實施都市計畫以外地區建築物管理辦法之規定，申領建築執照擅自建造且其建築行為有下列情事者：

1. 未經許可擅自於保護區建築者。
2. 未經許可擅自於都市計畫保留地建築者。
3. 占用既成巷道或堵塞防火間隔者。
4. 於合法房屋頂上增建房屋或設置簷高≧2m之棚架者。
5. 於合法房屋法定空地上增建房屋或設置寬度≧2m，簷高≧3m之棚架。
6. 建物之建蔽率或高度不符規定者。
7. 建物附設防空避難地下室面積不足，無法補足者。
8. 基地面積狹小或地界曲折不符合畸零地使用規則之規定者。
9. 基地面臨既成巷道不符合面臨既成巷道建築基地申請建築原則之規定者。
10. 違反其他有關建築法令規定，無法於規定期限內申請補照者。

17 試依現行《建築技術規則》，闡述現行《建築技術規則》之問題為何？

答 1. 有關建築安全防災之觀念未受重視。
2. 有關室內裝修之設計規範與內容不足，且與現實社會狀況脫節。
3. 新興文化、生活方式及社會快速變遷與現有規範調適不良。
4. 高層建築對環境之衝擊顯著。
5. 整體都市建築特色、住居環境與文化風格未能建立。
6. 建築法規與民眾權益之調和尚待加強。
7. 有關永續發展之課題、配套措施或規範均付之闕如。

18 試依現行《建築技術規則》，闡述現行《建築技術規則》之建築設計施工篇實質內容之缺失為何？

答 1.缺乏大規模建築基地規劃設計之規範。
2.缺乏高層建築之技術及管理規範。
3.地下建築物之管理體系尚未健全。
4.建築基地之使用不符效率性與合理性。

19 試依法規之內容，敘述何謂「建築物之防火區劃」？

答 防火區劃乃是將火勢侷限於一定空間下，所以必須因應建築物的用途、規模加以適當的區劃配置，而以構成區劃之樓地板、牆壁、防火門等之耐火時間、耐火性能為手段，來達到限制火勢之目的。其種類為：
1.用途區劃
2.面積區劃
3.樓層區劃
4.垂直通道區劃
5.避難上之區劃

20 試述申請山坡地開發許可應檢附之文件為何？

答 1.申請書
2.開發建築計畫書、圖
3.水土保持計畫書
4.土地使用分區管制計畫書、圖
5.開發建築財務計畫書
6.環境影響評估報告書

21 試述自樓面居室之任一點至樓梯口之步行距離為何（即隔間後之可行距離，非直線距離）？又重複步行距離之規定為何？

答 1.供《建築技術規則》建築設計施工編第69條規定第一類及第四類使用（即：戲院、電影院、歌廳、商場、市場、夜總會、餐廳、展覽場、集會堂等）之建築物及無窗戶之居室不得超過30m（即≦30m），供第五類使用（即倉庫、工廠等）之建築物，不得超過70m（即≦70m）。
2.前目規定以外用途之建築物（即醫院、旅館、集合住宅、學校、辦公廳、體育館、博物館、美術館、圖書館等）不得超過50m（即≦50m）。

3.15樓以上建築物依其使用應將本款1、2目規定為30m者減為20m，50m者減為40m。

4.集合住宅之採取複層式構造者，其自無出入口之樓層居室任一點至直通樓梯之步行距離不得超過40m（即≦40m）。

5.非防火構造或非使用不燃材料所建造之建築物，不論何種用途，應將本款所規定之步行距離減為30m以下。

6.避難層自樓梯口至屋外出入口之步行距離不得超過30m（即≦30m）。

　　另外，自樓面居室任一點至二座以上樓梯之步行路徑重複部分之長度（即重複步行距離）不得大於本編第93條規定之最大容許步行距離之1/2，但可不經由重複部分，另由陽臺、露臺，或屋外通路等可有效避難者不在此限。

22 試依法規之規定敘述辦公室、集合住宅之步行距離及重複步行距離之規定為何？

答 1.步行距離：

(1)步行距離不得超過50m。

(2)15樓以上依規定得減為40m。

(3)集合住宅之採取複層式構造者，其自無出入口之樓層居室任一點至直通樓梯之步行距離不得超過40m（即≦40m）。

(4)非防火構造或非使用不燃材料所建造之建築物，不論何種用途，應將本款所規定之步行距離減為30m以下。

2.重複步行距離：自樓面居室任一點至二座以上樓梯之步行路徑重複部分之長度（即重複步行距離），不得大於上述之最大容許步行距離之1/2（即(1)≦25m，(2)≦20m，(3)≦20m，(4)≦15m），但可不經由重複部分，另由陽臺、露臺，或屋外通路等可有效避難者不在此限。

23 試述建築基地之法定空地併同建築物之分割，其規定為何？

答 1.每一建築基地之法定空地與建築物所占地面應相連接，且連接部分寬度不得小於2m。

2.每一建築基地之建蔽率應合於規定，但本辦法發布前已領建造執照者，不在此限。

3.每一建築基地均應連接建築物並得以單獨申請建築。

4.建築基地空地面積超過依法應保留之法定空地面積者，其超出部分之分割，應以分割後能單獨建築使用或已與鄰地成立協議調整地形或合併建築使用者為限。

24 試述建築物使用執照應如何核發？有何種情事者，起造人可以單獨申請使用執照？

答 （一）1.建築工程完竣後，應由起造人會同承造人及監造人申請使用執照。直轄市、縣（市）（局）主管建築機關應自接到申請之日起，10日內派員查驗完竣，其主要構造、室內隔間及建築物主要設備等與設計圖樣相符者，發給使用執照，並得核發謄本，不相符者，一次通知其修改後，再報請查驗，但供公眾使用建築物之查驗期限，得展延為20日。

2.建築工程部分完竣後可供獨立使用者，得核發部分使用執照。

3.供公眾使用之建築物，依前述規定申請使用執照時，直轄市、縣（市）（局）主管建築機關應會同消防主管機關檢查其消防設備，並勘驗室內裝修，合格後發給室內裝修合格證明及使用執照。

4.申請使用執照，應備具申請書，並檢附：

(1)原領之建造執照或雜項執照。

(2)建築物竣工平面圖及立面圖。

(3)建築物室內裝修圖說。

(4)建築物與核定之工程圖樣完全相符者，免附竣工平面圖及立面圖。

（二）建築物無承造人或監造人，或承造人、監造人無正當理由，經建築爭議事件評審委員會評審後，而拒不會同或無法會同者，由起造人單獨申請之。

---

25 請問何謂「防煙垂壁」？其目的為何？

答 防煙垂壁：即防煙區劃中遮煙構件之一，係指自天花板垂下以不燃材料構造之板狀阻擋物，且自天花板下垂50cm以上。

目的：利用煙浮力及二層流作用使天花板附近之煙不致快速蔓延至其他部分。

---

26 試述建築防災功能中有關防火須注意之事項為何？

答 1.防火區劃

2.使用不燃材料（或耐燃材料）

3.提供消防設備

4.設置避難場所

5.應用逃生設備或器具

6.縮短逃生步行距離

7.建立逃生導引與警示系統

27 試述《建築物室內裝修管理辦法》的法源為何？

答 《建築法》第77條之2第4項。

28 試述依《建築物室內裝修管理辦法》的規定，依法登記開業之建築師，可從事之室內裝修業務為何？

答 室內裝修設計業務。

29 試述依《建築法》之規定，室內裝修所使用之材料須依據何種規定？

答 《建築技術規則》第88條。

30 試述依《建築法》之規定，室內裝修不得妨害消防安全設備之種類為何？

答 滅火設備、警報設備、避難逃生及消防搶救上之必要設備。

31 一般室內裝修在設計與防火之規劃中，天花板、牆面、地坪防火材料之優先次序為何？

答 天花板→牆面→地坪。

32 依《建築技術規則》之規定，貫穿防火區劃牆之管路，於貫穿處二側各一公尺範圍內，應為何種材料製作之管類？

答 不燃材料。

33 依《勞工安全衛生設施規則》規定，雇主應依機械器具防護標準規定對於哪些施工機械器具設置安全防護設備？

答 1.動力衝剪機械。

2.手推刨床。

3.木材加工用圓盤鋸。

4.動力堆高機。

5.研磨機、研磨輪。

6.其他經中央主管機關指定之機械或器具。

34 依《機械器具防護標準》規定，圓鋸盤之動力遮斷裝置，應符合何種規定？

答 雇主應於每一具機械分別設置開關、離合器、移帶裝置等動力遮斷裝置。但連成一體之機械，置有共同動力遮斷裝置，且在工作中途無需以人力供應原料、材料及將其取出者，不在此限。

前項機械如係切斷、引伸、壓縮、打穿、彎曲、扭絞等加工用機械者，雇主應將同項規定之動力遮斷裝置，置於從事作業之勞工無需離開其工作崗位即可操作之場所。

雇主設置之第一項動力遮斷裝置，應有易於操作且不因接觸、振動等或其他意外原因致使機械驟然開動之性能。

35 依《勞工安全衛生法》規定，雇主對於各類物料之儲存，應注意事項為何？

答 雇主對於物料儲存，為防止因氣候變化或自然發火發生危險者，應採取與外界隔離及溫溼控制等適當措施。

36 依《勞工安全衛生法》規定，雇主對於物料之堆放，應注意事項為何？

答 雇主對物料之堆放，應依下列規定：

1.不得超過堆放地最大安全負荷。

2.不得影響照明。

3.不得妨礙機械設備之操作。

4.不得阻礙交通或出入口。

5.不得減少自動灑水器及火警警報器有效功用。

6.不得妨礙消防器具之緊急使用。

7.以不倚靠牆壁或結構支柱堆放為原則，並不得超過其安全負荷。

37 依《營造安全衛生設施標準》規定，試說明雇主對於高度二公尺以上之工作場所，勞工作業有墜落之虞者，所訂定之墜落災害防止計畫及採取適當墜落災害防止設施為何？

答 1.經由設計或工法之選擇，儘量使勞工於地面完成作業以減少高處作業項目。

2.經由施工程序之變更，優先施作永久構造物之上下升降設備或防墜設施。

3.設置護欄、護蓋。

4.張掛安全網。

5.使勞工佩掛安全帶。

6.設置警示線系統。

7.限制作業人員進入管制區。

8.對於因開放邊線、組模作業、收尾作業等及採取第一款至第五款規定之設施致增加其作業危險者，應訂定保護計畫並實施。

38 依《勞工安全衛生設施規則》第10條規定，試說明哪些屬於危險物質？

答 爆炸性物質、著火性物質、氧化性物質、易燃液體、可燃性氣體等，另所稱其他危險物，係指前述危險物外一切易形成高熱、高壓或易引起火災、爆炸之物質。

39 依《勞工安全衛生設施規則》規定，試說明雇主對於危險物製造、處置之工作場所，為防止爆炸、火災，應辦理之事項為何？

答 1.爆炸性物質：應遠離煙火、或有發火源之虞之物，並不得加熱、摩擦、衝擊。

2.著火性物質：應遠離煙火、或有發火源之虞之物，並不得加熱、摩擦或衝擊或使其接觸促進氧化之物質或水。

3.氧化性物質：不得使其接觸促進其分解之物質，並不得予以加熱、摩擦或撞擊。

4.易燃液體，應遠離煙火、或有發火源之虞之物，未經許可不得灌注、蒸發或加熱。

5.除製造、處置必需之用料外，不得任意放置危險物。

---

40 依《勞工安全衛生設施規則》第153條規定，試說明雇主對於堆置物料，為防止倒塌、崩塌或掉落，應採取之措施為何？

答 1.繩索捆綁。

2.設置護網、擋樁。

3.限制高度。

4.變更堆積。

5.禁止與作業無關人員進入該等場所。

---

41 依《勞工安全衛生設施規則》及《營造安全衛生設施標準》規定，試說明使用移動式施工架作業應注意安全事項為何？

答 1.施工架上有作業人員時，不得移動施工架。

2.當作業時應將施工架之腳輪之止滑裝置予以固定，避免有任何晃動。

3.應設置升降用梯或其他供作業人員安全上下之設備。

4.勞工作業時應使用安全帶等防止墜落措施。

5.兩人應避免同時上下施工架或於同側作業。

6.使用之工具應利用吊升裝置吊升至工作臺，避免手持工具上下施工架。

7.當施工架移動時，先要認清地面狀況及確認有無障礙物。

---

42 請將下列勞工安全衛生專用術語之單位列出：(1)控制風速；(2)照度；(3)黑球溫度；(4)爆炸下限；(5)聲音的頻率。

答 (1)控制風速：m/s；(2)照度：Lux、米燭光；(3)黑球溫度：℃；(4)爆炸下限：%；(5)聲音的頻率：Hz（赫茲）。

43 試述依《勞工作業環境空氣中有害物容許濃度標準》所稱之第一種、第二種、第三種、第四種粉塵分別為何？

答

種類	粉塵
第一種粉塵	含結晶型二氧化矽10％以上之礦物性粉塵
第二種粉塵	未滿10％結晶型二氧化矽之礦物性粉塵
第三種粉塵	石綿纖維（石綿粉塵係指纖維長度在5μm以上，長寬比在3以上之粉塵）
第四種粉塵	厭惡性粉塵

44 為防止勞工於使用移動梯工作時發生墜落災害，試說明依《勞工安全衛生設施規則》規定，雇主對於供勞工使用之移動梯，應符合哪些規定？

答 1.具有堅固之構造。
2.其材質不得有顯著之損傷、腐蝕等現象。
3.寬度應在30cm以上。
4.應採取防止滑溜或其他防止轉動之必要措施。

45 試述《勞工安全衛生法》中，有關機械之安全，除了《機械器具防護標準》及各種危險性機械之構造標準外，尚有哪些法規？

答 1.《勞工安全衛生法》。
2.《勞工安全衛生法施行細則》。
3.《勞工安全衛生設施規則》。
4.《工業用機器人危害預防標準》。
5.中國國家標準（CNS）。

46 試述依法規規定，室內展示用廣告合板之防火性能為何？

答 須有防焰標示。

47 試述依法規規定，室內通達地面之走廊裝修材料應使用哪種耐燃材料？

答 耐燃一級。

48 試述依《建築法》規定，建築物之「主要構造」為何？

答 基礎、主要梁柱、承重牆壁、樓地板及屋頂之構造稱之。

49 試述依《建築物室內裝修管理辦法》規定，申請室內裝修審核須附室內裝修圖說為何？

答 1.申請書。

2.建築物權利證明文件。

3.前次核准使用執照平面圖、室內裝修平面圖或申請建築執照之平面圖。但經直轄市、縣（市）主管建築機關查明檔案資料，確無前次核准使用執照平面圖或室內裝修平面圖屬實者，得以經開業建築師簽證符合規定之現況圖替代之。

4.室內裝修圖說。

　　前項第三款所稱現況圖為載明裝修樓層現況之防火避難設施、消防安全設備、防火區劃、主要構造位置之圖說，其比例尺不得小於1/200。

50 試述依《消防法》規定，地面樓層達十一層以上建築物、地下建築物及中央主管機關指定之場所，其管理權人應使用何種物品及材料？

答 應使用附有防焰標示之地毯、窗簾、布幕、展示用廣告（合）板及其他指定之防焰物品。

【註】：1.前項防焰物品或其材料非附有防焰標示，不得銷售及陳列。

　　　　2.前二項防焰物品或其材料之防焰標示，應經中央主管機關認證具有防焰性能。

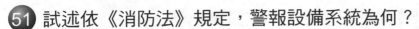

51 試述依《消防法》規定，警報設備系統為何？

答 1. 警報探測器：差動式、定溫式、補償式、離子式局限型、光電式偵煙型。

2. 火警自動警報設備。

3. 手動報警設備。

4. 緊急廣播設備。

5. 瓦斯漏氣火警自動警報設備。

52 試述依《消防法》規定，避難設備系統為何？

答 1. 標示設備。

2. 避難器具：避難梯、避難橋、緩降機、救助袋、滑臺、滑杆、避難繩索。

3. 緊急照明設備。

53 試述依《消防法》規定，滅火設備系統為何？

答 1. 滅火器、消防砂。

2. 室外消防栓。

3. 自動灑水設備。

4. 灑水頭。

5. 水霧滅火設備。

6. 泡沫滅火設備。

7. 二氧化碳滅火設備。

8. 乾粉滅火設備。

54 試述依《消防法》規定，消防安全設備為何？

答 1. 警報設備。

2. 避難設備。

3. 滅火設備。

4. 排煙設備。

5. 緊急照明。

55 試述依《建築技術規則》規定，防火設備為何？

答 1.防火門窗。。

2.裝設於防火區劃或外牆開口處之灑水幕，經中央主管建築機關認可具有防火區劃或外牆同等以上之防火性能者。

3.其他經中央主管建築機關認可具有同等以上之防火性能者。

56 試述依《建築物室內裝修管理辦法》規定，哪二種建築物需申請室內裝修審查？

答 供公眾使用建築物或經內政部認定之非供公眾使用建築物之室內裝修。

57 試述依《建築物室內裝修管理辦法》規定，室內裝修業有哪二種行為，須廢止室內裝修業登記證？

答 1.登記證供他人從事室內裝修業務者。

2.受停業處分累計滿三年者。

3.受停止換發登記證處分累計3次。

58 試述依《建築物室內裝修管理辦法》規定，室內裝修業具有哪些行為，主管機關得報請內政部予以警告或六個月以上一年以下停止室內裝修業務處分？

答 1.變更登記事項時，未依規定申請換發登記證。

2.施工材料與規定不符或未依圖說施工，經當地主管建築機關通知限期修改逾期未修改。

3.規避、妨礙或拒絕主管機關業務督導。

4.受委託設計之圖樣、說明書、竣工查驗合格簽章之檢查表或其他書件經抽查結果與相關法令規定不符。

5.由非專業技術人員從事室內裝修設計或施工業務。

6.僱用專業技術人員人數不足，未依規定補足。

59 試述依《建築物室內裝修管理辦法》規定，室內裝修業有違反哪些行為，須撤銷室內裝修業登記證？

答 室內裝修業申請登記證所檢附之文件不實者。

60 試述依《建築物室內裝修管理辦法》規定，室內裝修專業技術人員有哪些行為，須廢止其登記證？

答 1.專業技術人員登記證供所受聘室內裝修業以外使用者。
2.十年內受停止執行職務處分累計滿二年者。

---

61 試述依《消防法》規定，火災成長初期與成長期使用之防火對策為何？

答 1.火災成長初期使用之防火對策為：「防焰」。
2.火災成長期使用之防火對策為：「耐燃材料」。

---

62 試述依《消防法》規定，須使用地毯、窗簾、布幕、展示用廣告板及其他指定之防焰物品，其內容係依據何種法規要求？

答 《防焰性能認證實施要點》。

---

63 試述《防焰性能認證實施要點》之法源依據為何？

答 《消防法施行細則》第7條第4項規定訂定之。

---

64 試述依消防法規規定，《消防法》第11條第1項所稱地毯、窗簾、布幕、展示用廣告板及其他指定之防焰物品，其物品係指何種內容？

答 1.地毯：梭織地毯、植簇地毯、合成纖維地毯、人工草皮等地坪鋪設物。
2.窗簾：布質製窗簾（含布製一般窗簾，直葉式、橫葉式百葉窗簾）。
3.布幕：供舞臺或攝影棚使用之布幕。
4.展示用廣告板：室內展示用廣告合板。
5.其他指定之防焰物品，係指網目大小在12mm下之施工用帆布。

65 試述依《防焰性能認證實施要點》規定，說明窗簾及地毯之防焰標示處理各為何？

答 1.窗簾（及布幕）：具耐洗性能者——縫製，不具耐洗性能者——張貼。
2.地毯（等地坪鋪設物）：縫製、張貼或鑲釘。

【註】：1.布製窗簾：縫製、張貼。
2.展示用廣告板：印製。
3.供舞臺使用之布幕：縫製、張貼。
4.施工用帆布：縫製。
5.防焰材料（合板除外）：張貼或懸掛標籤。

66 試述依《防焰性能認證實施要點》規定，說明何謂「防焰物品」？其防火性能與非防焰物品有何不同？

答 1.防焰物品：具有防止因微小火源而起火或迅速延燒性能之物品，其目的即在於防止微小火源的擴大，使燃燒初期的火勢受到抑制，而不會繼續擴大蔓延燃燒，或是使火勢受到阻礙，延緩火勢蔓延的速度。
2.差異性：
(1)具有防止微小火源擴大燃燒的效能。
(2)防焰物品本身並非不燃，而是其比一般物品更難以引燃而已。

67 試述依《消防法》規定，列舉二種防焰性能之檢驗法？

答 「薄材料防焰性測試法」、「纖維製品防焰性試驗法」、「地面覆物試驗法」。

68 試述何謂「防焰材料」？何謂「耐燃材料」？其差異性為何？

答 1.防焰材料：
(1)定義：具有防止因微小火源而起火或迅速延燒性能的裝修薄材料或裝飾品。
(2)功能：微小火源下，可避免引起著火或可自行熄滅、可防止擴大燃燒、燃燒時不易產生大量濃煙及有毒氣體。
(3)種類：地毯、窗簾、人工草皮、樹脂地磚、布幕、壁紙、壁布、薄合板等材料。
2.耐燃材料：
(1)定義：建築材料在火災初期受高溫時，不易著火延燒，且發熱、發煙及有毒氣體的生成量均低者。
(2)功能：在火災初期高溫狀態下，可防止著火發生、可阻止火焰迅速延燒及燃燒成長、受高溫或燃燒時不易產生大量濃煙及有毒氣體。

(3)種類：固定於天花板、1.2m以上牆壁及其他室內表面材料（不包含地坪材料）。

69 試述依《建築物室內裝修管理辦法》規定，室內裝修業之主管機關及審查機構各為何？

答 1.室內裝修業之主管機關：主管建築機關，在中央為內政部，在直轄市為直轄市政府，在縣（市）為縣市政府。

2.審查機構：指經內政部指定置有審查人員執行室內裝修審核及查驗業務之直轄市建築師公會、縣（市）建築師公會辦事處或專業技術團體。

70 試述依《建築物室內裝修管理辦法》規定，依法登記開業建築師得從事室內裝修之業務範圍為何？

答 得從事室內裝修設計業務。

71 試述依《建築物室內裝修管理辦法》規定，申請審核之圖說涉及消防安全設備變更者，其程序為何？

答 應依消防法規規定辦理，並應於施工前取得當地消防主管機關審核合格之文件。

72 試述依《建築法》規定，說明《建築法》第77條之2條文之規定為何？

答 建築物室內裝修應遵守下列規定：

1.供公眾使用建築物之室內裝修應申請審查許可，非供公眾使用建築物，經內政部認有必要時，亦同。但中央主管建築機關得授權建築師公會或其他相關專業技術團體審查。

2.裝修材料應合於《建築技術規則》之規定。

3.不得妨害或破壞防火避難設施、消防設備、防火區劃及主要構造。

4.不得妨害或破壞保護民眾隱私權設施。

前項建築物室內裝修應由經內政部登記許可之室內裝修從業者辦理。

室內裝修從業者應經內政部登記許可，並依其業務範圍及責任執行業務。

前三項室內裝修申請審查許可程序、室內裝修從業者資格、申請登記許可程序、業務範圍及責任，由內政部定之。

73 試述依《建築物室內裝修管理辦法》規定，室內裝修業依規定應置專任技術人員之人數為何？

答 1.從事室內裝修設計業務者：專業設計技術人員一人以上。

2.從事室內裝修施工業務者：專業施工技術人員一人以上。

3.從事室內裝修設計及施工業務者：專業設計及專業施工技術人員各一人以上，或兼具專業設計及專業施工技術人員身分一人以上。

---

74 試述依《建築物室內裝修管理辦法》規定，申請室內裝修業登記證之規定為何？

答 1.室內裝修業應於辦理公司或商業登記後六個月內，檢附下列文件，向內政部申請室內裝修業登記證。逾期未申請者，內政部應廢止其許可，並通知公司或商業登記主管機關廢止其公司或商業登記或室內裝修業營業項目。

(1)申請書。

(2)公司或商業登記證明文件。

(3)專業技術人員登記證。

2.室內裝修業經許可登記者，內政部應核發登記證。未領得登記證者，不得執行室內裝修業務。

3.室內裝修業變更登記事項時，應申請換發登記證。

---

75 試述依《營造安全衛生設施標準》規定，說明雇主對於結構物之牆柱等拆除，應依何種規定辦理？

答 1.應依自上至下，逐次拆除。

2.無支撐之牆、柱等之拆除，應以支撐、繩索等控制，避免其任意倒塌。

3.以拉倒方式進行拆除時，應使勞工站立於安全區外，並防範破片之飛擊。

4.無法設置安全區時，應設置承受臺、施工架或採取適當防範措施。

5.以人工方式切割牆、柱等時，應採取防止粉塵之適當措施。

76 試述依《營造安全衛生設施標準》規定，說明雇主對於樓板或橋面板等構造物之拆除，應依何種規定辦理？

答 1.拆除作業中，勞工需於作業場所行走時，應採取防止人體墜落及物體飛落之措施。
2.卸落拆除物之開口邊緣，應設護欄。
3.拆除樓板、橋面板等後，其底下四周應加圍柵。

77 試述依《營造安全衛生設施標準》規定，說明雇主對於構築施工架及施工構臺之材料，應依何種規定辦理？

答 1.不得有顯著之損壞、變形或腐蝕。
2.使用之孟宗竹，應以竹尾末稍外徑4cm以上之圓竹為限，且不得有裂隙或腐蝕者，必要時應加防腐處理。
3.使用之木材，不得有顯著損及強度之裂隙、蛀孔、木結、斜紋等，並應完全剝除樹皮，方得使用。
4.使用之木材，不得施以油漆或其他處理以隱蔽其缺陷。

78 試述依《營造安全衛生設施標準》規定，說明雇主對於管料之儲存，應依何種規定辦理？

答 1.應儲存於堅固而平坦之臺架上，並預防尾端突出、伸展或滾落。
2.應依規格大小及長度予以分別排列，俾便取用。
3.應分層疊放，每層中置一隔板，以均勻壓力，並有效地防止管料滑出。
4.管料之置放，應避免在電線上方或下方。

79 試述依《營造安全衛生設施標準》規定，說明雇主對於各類物料之儲存，應依何種規定辦理？

答 1.各類物料之儲存、堆積及排列，應井然有序；且不得儲存於距庫門或升降機二公尺範圍以內或足以妨礙交通之地點。倉庫內應設置必要之警告標示、護圍及防火設備。
2.放置各類物料之構造物或平臺，應具安全之負荷強度。
3.各類物料之儲存，應妥為規劃，不得妨礙火警警報器、滅火器、急救設備、通道、電氣開關及保險絲盒等緊急設備之使用狀態。

80 試述依《營造安全衛生設施標準》規定，說明雇主對於構造物之拆除，應依何種規定辦理？

答 1.檢查預定拆除各部分構件。

2.對不穩定部分應加支撐。

3.應切斷電源，並拆除配電設備及線路。

4.應切斷可燃性氣體、蒸汽或水管等管線。管中殘存可燃性氣體時，應打開全部門窗，將氣體安全釋放。

5.於拆除作業時中如需保留電線、可燃性氣體、蒸汽、水管等管線之使用，應採取特別之安全措施。

6.具有危險之拆除作業區，應設置圍柵或標示，禁止非作業人員進入拆除範圍內。

7.於鄰近通行道之人員保護設施完成前，不得進行拆除工程。

81 試述依《營造安全衛生設施標準》規定，說明雇主對於袋裝材料之儲存，應依何種規定辦理？

答 1.堆放高度不得超過十層。

2.至少每二層交錯一次方向。

3.五層以上部分應向內退縮，以維持穩定。

4.交錯方向易引起材料變質者，得以不影響穩定之方式堆放。

82 試述依《營造安全衛生設施標準》規定，說明雇主對於施工架上物料之運送、儲存及荷重之分配，應依何種規定辦理？

答 1.於施工架上放置或搬運物料時，避免施工架發生突然之振動。

2.施工架上不得放置或運轉動力機械或設備，以免因振動而影響作業安全。但無虞作業安全者，不在此限。

3.施工架上之載重限制應於明顯易見之處明確標示，並規定不得超過其荷重限制及應避免發生不均衡現象。

4.雇主對於施工構臺上物料之運送、儲存及荷重之分配，應依前項第一款及第三款規定辦理。

83 請問為什麼要實施室內裝修管理制度？且住宅是否亦要同時納入管理？

答 1.依法規定，供公眾使用建築物在興建過程中，得將室內裝修併同建築執照申請，尤其現行法規規定室內裝修須使用5%以上之「綠建材」，方能通過審查。而絕大多數的室內裝修行為，通常均是在建築物興建完成並領得使用執照後，才開始設計施作。且不當的室內裝修，不僅影響甚至破壞原有建築物的防災功能，其中尤以妨害或破壞建築物的主要構造、防火避難設施與防火區劃，進而釀生災害，影響建築物之正常使用與公共安全甚鉅。因此，實有必要針對室內裝修行為及相關業者建立制度，並加以納入管理體系。有鑑於此，政府於民國84年8月修正《建築法》，增訂第77條之2，明訂「供公眾使用建築物」及內政部指定的「非供公眾使用建築物」，其室內裝修必須申請審查許可，而內政部並依同法條之授權，於民國85年5月29日訂頒《建築物室內裝修管理辦法》據以管理。

2.室內裝修的管理對象，除一般公共場所外，依內政部「供公眾使用建築物範圍」規定，實施都市計畫地區，6層以上集合住宅即屬供公眾使用，因此，其室內裝修依法當申請審查許可。另外，內政部於民國96年2月26日以臺內營字第0960800834號令，指定「非供公眾使用建築物」之集合住宅及辦公廳，除建築物之地面層至最上層均屬同一權利主體所有者以外，其任一戶有下列情形之一者，仍應申請建築物室內裝修審查許可：

(1)增設廁所或浴室。

(2)增設2間以上之居室造成分間牆之變更。

84 請舉出六項以上理由，說明為何要申請室內裝修審查許可？

答 1.避免遭受罰鍰處分或強制拆除。

2.降低發生火災的機率。

3.避免浪費金錢及時間。

4.落實專業證照制度。

5.避免發生違章建築情事。

6.確保施工過程之安全。

7.裝修住戶的權益可獲得法令保障。

8.俾利公共場所（消費場所）申請營利事業登記或設立許可。

9.俾利定期辦理建築物公共安全檢查申報。

10.落實「綠建材」制度，營造健康的居住環境。

85 請問依法規定，哪些建築物須定期辦理公共安全檢查？且其檢查簽證項目為何？

答 1.依《建築法》及《建築物公共安全檢查簽證及申報辦法》規定，供公眾使用之建築物，其所有權人、使用人應定期委託內政部認可的專業檢查機構或人員檢查簽證，並將檢查簽證結果向當地主管建築機關申報。

2.檢查簽證項目包括：內部裝修材料、分間牆、防火區劃、走廊、消防設備及避難設施等項目，且與建築物室內裝修關係密切，尤其「室內裝修合格證明」更是辦理建築物公共安全檢查申報之必備文件之一。

86 請問現有建築物，其屋頂層如有「既存違建」，且欲重新裝修時，須如何申請？

答 目前民國83年底以前興建完成的「既存違建」修繕，其申辦程序與一般合法建築物之室內裝修有差異。依《臺北市違章建築處理要點》規定，既存違建之修繕，除應委託開業建築師向臺北市建築管理處辦理登記外，並應依原有材質及原規模修繕，且不得新建、增建、改建或加層、加高擴大建築面積。至於既存違建之修繕已達修建程度者，並應符合下列之規定：

1.公寓大廈如位於屋頂部分應檢具直下方二分之一以上樓層區分所有權人之修繕同意書（不含修繕人本身樓層）。

2.屋頂或露臺應檢附建築師或相關技師簽證結構安全無虞之安全鑑定證明書。

3.公有土地應檢具土地管理機關之使用同意書。

87 請問若委託室內裝修設計施工時，如果發生消費糾紛要如何處理？

答 為減少或避免發生消費糾紛情事，雙方簽訂合約是最重要的關鍵，且在合約中載明裝修項目、規格、材質等要求規定清楚，並可將施工圖說與估價明細表列入合約的附件中，以求完整並同時保障雙方的權利義務。目前常使用之解決方法為：

1.和解：指當事人約定互相讓步，終止爭執或防止爭執發生的合意行為。

2.調解：與和解類似，同樣有簡易迅速以及維持雙方當事人間之情感和諧的特色，所不同者為調解係由調解人就當事人間的爭議事項，從中調停排解；且調解可向當地的區公所調解委員會聲請，亦可以向法院聲請。

3.仲裁：是指當事人協議由具有專業知識或生活經驗的仲裁人，來判斷當事人間之權利義務關係，以終止紛爭，具有簡易迅速且裁判者具特殊專業背景的特色。

4.訴訟：經由一定司法程序，使當事人得到一個可終結紛爭且能強制執行的判決。

88 請問若室內裝修沒有申請審查許可，且遭人檢舉時如何處理？

答 如經主管建築機關查證屬實者，即按《建築法》第95條之1規定，處建築物所有權人、使用人，新臺幣6萬元以上30萬元以下罰鍰，並限期改善或補辦，倘逾期仍未改善或補辦者得連續處罰，必要時強制拆除其室內裝修違規部分。

89 請問哪些「非供公眾使用建築物」室內裝修應申請審查許可？

答 目前經內政部指定應申請室內裝修的「非供公眾使用建築物」約有下列：

1. 固定通信業者設置之集線室：有關固定通信業者利用建築物既有電信室內設置集線室，如涉及室內裝修行為時，仍應依規定申請室內裝修審查許可。

2. 資訊休閒服務場所（網咖）：資訊休閒服務場所（提供場所及電腦設備採收費方式，供人透過電腦連線擷取網路上資源或利用電腦功能以磁碟、光碟供人使用之場所）依《建築物室內裝修管理辦法》第2條規定列入應申請建築物室內裝修審查許可之範圍。

3. 集合住宅及辦公廳增設廁所、浴室或增設2間以上居室者。

90 請問未領有建築執照及產權登記的公有建築物，其室內裝修可否免申請審查許可？

答 為積極推動室內裝修管理制度及加強建築物公共安全，凡未領有建築執照及地政建物產權登記的公有建築物（政府機關），如非屬民國84年以後之新增違建者，其建物所有權部分經由用地管理機關切結為其管有者，得準用《建築物室內裝修管理辦法》第22條規定，由開業建築師簽證符合規定之現況圖說替代竣工圖，辦理室內裝修審查並請領室內裝修合格證明。唯室內裝修合格證明，僅供證明室內裝修材料與分間牆構造等符合《建築技術規則》之規定，不能充做「合法建築物」的證明文件。

91 請問無照營業或違規使用的場所，其室內裝修是否仍應申請審查許可？

答 依《建築法》第77條之2第1項第1款規定：「供公眾使用建築物」之室內裝修應申請審查許可，非供公眾使用建築物，經內政部認有必要時，亦同。且「內部裝修材料」亦是建築物公共安全檢查簽證項目之一，係基於公共安全考量，因此，建築物用途雖未按核准類組使用，室內裝修仍應申請審查許可。內政部亦曾函示：對所轄違規使用之建築物公共安全檢查簽證及申報均應受理，援此建築物「公共安全」與「違規使用」分開處理之原則，基於公共安全與室內裝修並重立場，室內裝修仍應依實際用途申請審查許可。至於違規使用若涉及違反《建築法》第43條第2項規定者，主管建築機關當另依《建築法》第91條規定處理。

92 請問室內裝修經核可後是否有竣工期限？倘因故未能在限期內竣工時，應如何處理？

答 1.依《建築物室內裝修管理辦法》第29條規定：「室內裝修圖說經審核合格，領得許可文件後，建築物起造人、所有權人或使用人應於規定期限內施工完竣後申請竣工查驗，逾期未申請者，許可文件失其效力。」至於「規定期限」，參照《建築物使用類組及變更使用辦法》第9條規定，限期6個月內按核准設計圖樣施工完竣。

　 2.倘若申請人因故未能於6個月內定完工時，得於期限屆滿前申請展期6個月，並以1次為限；未依規定申請展期或已逾展期期限仍未完工者，其同意變更文件自期限屆滿之日起，失其效力。

93 請問室內裝修的申請範圍要如何界定？有無最小面積限制？

答 1.為基於公共安全及法令檢討需要，原則上應以整層為申請範圍，唯若不妨害或破壞其他未裝修部分之防火避難設施且符合下列情形之一者，得以該局部裝修範圍申請：

　 (1)以整「戶」申請。

　 (2)獨立之使用單元，且不得妨礙或破壞其他非申請範圍之防火避難設施，其裝修圖說應一併檢討同層非申請範圍之逃生避難動線。

　 (3)自成一個獨立防火區劃，且不得妨礙或破壞其他非申請範圍之防火避難設施，其裝修圖說應一併檢討同層非申請範圍之逃生避難動線。

　 (4)已取得使用執照或變更使用執照，分間牆已明確者（如：學校教室、醫院病房、旅館客房等），得以該局部空間範圍送審。

　 (5)已領得室內裝修合格證明之建築物，室內局部空間再裝修者，同意以局部裝修面積送審。

　 (6)特殊情況經主管建築機關或審查機構同意者。

2.無最小面積限制。至於室內裝修申請範圍的「樓地板面積」，基本上得以建物權利證明文件所載的面積或以牆中心線實算樓地板面積為申請範圍。

94 請問「防空避難室」可以變更使用用途、裝修隔間？

答 依內政部規定：「供防空避難設備使用之樓層，樓地板面積達200平方公尺者，以兼作停車空間為限，未達200平方公尺者，得兼作他種用途使用。但不妨礙防空避難或違反分區使用規定、建築法令及相關法令。」，又《公寓大廈管理條例》第16條規定，防空避難設備不得供營業使用。至於公寓大廈以外之建築物申請利用防空地下室，開設臨時對外營業場所者，應檢具簡明配置圖、現況圖、用途說明書及所有權人同意證明文件，送當地主管建築機關會同警察局審查核定。防空地下室經核准隔間者，應使用不燃材料，並不得阻塞進出口通道、變更原設計或破壞原有設施。

95 請問目前現行法令對室內裝修材料有何限制？

答 目前有關建築物室內裝修材料之限制，除應檢討符合《建築技術規則》建築設計施工編第88條規定外，尤其「室內安全梯」、「排煙室」、「緊急用升降機之機間」、「高層建築物之走廊及防災中心」等空間，其室內牆面及天花板均應以耐燃一級材料為限。另外，部分規定如下：

1.使用燃燒設備的房間：由於住宅內部的「廚房」空間經常使用火源，最易發生火災，裝修材料特別限制應採用耐燃一級或耐燃二級之防火材料。

2.連通樓梯之走廊、門廳：集合住宅內各戶連通樓梯之共同走廊、門廳等空間，乃逃生避難的必經動線，裝修材料特別限制應採用耐燃一級。

3.位於11層以上的住宅：11層以上因救災不易，居室空間裝修材料特別限制應採用耐燃一級或耐燃二級。

4.安全梯間、排煙室：為使人員在逃生避難過程進入安全梯或排煙室後，能得到更高的安全保障，類此空間之裝修材料，嚴格限制應採用耐燃一級。

5.浴廁、陽臺、儲藏室等空間：住宅內類此非居室空間，裝修材料得不受限制。

96 請問目前現行法令對室內裝修材料是否有特別之放寬規定？

答 依《建築技術規則》建築設計施工編第88條規定，建築物如按其室內樓地板面積每100m²範圍內以具有1小時以上防火時效之牆壁、防火門窗等防火設備與該層防火構造之樓地板區劃分隔者，或其設於地面層且樓地板面積在100m²以下者，室內裝修材料得不受限制。

另外，具備下列情形其裝修材料得不受限制：

1. 住宅單元內之非居室空間：浴廁、陽臺、儲藏室等非居室空間，裝修材料不受限制。

2. 裝設自動滅火、排煙設備：住宅內部之居室空間若設有自動滅火設備及排煙設備者，裝修材料得不受限制（特別安梯或緊急用升降機之「排煙室」，其天花板及牆面仍應以不燃材料裝修）。

3. 防火區劃面積100m²以下：建築物如按樓地板面積每100m²範圍內以具1小時以上防火時效之牆壁、防火門窗等防火設備與該層防火構造之樓地板區劃分隔者，裝修材料不受限制。

4. 高度在1.2m以下之牆面、地坪、天花板周圍押條：住宅內部之居室空間自樓地板面起1.2m以下部分之牆面、地坪及天花板周圍押條等裝修材料得不受限制。

5. 位於10層以下之住宅居室：住宅內部之居室空間除使用燃燒設備之房間（廚房）外，裝修材料得不受限制。

---

97 請問現行之室內裝修防火材料的證明文件有哪幾種？

答 1. 需為經濟部標準檢驗局核發之「國內市場出廠檢驗合格證書」（國內生產，監督查驗）所載之建材。

2. 需為經濟部標準檢驗局核發之「輸入檢驗合格證書」（國外進口，監督查驗）所載之建材。

3. 需為經濟部標準檢驗局核發之「商品驗證登錄證書」（驗證登錄，有效期限為三年）所載之建材。

4. 需為內政部「建築新技術、新工法、新設備及新材料審核認可通知書」（有效期限為三年）所載之建材。

98 請問室內既有的裝修材料倘無證明文件,則申請室內裝修審查應如何處理?

答 依《臺北市建築物室內裝修審核及查驗作業事項規範》規定,既有室內裝修材料缺乏適當證明文件者,得由開業建築師或專業設計技術人員於圖說上標明位置、面積、材質及耐燃級數並署名負責後併審。故申請竣工查驗時,卷內「建築物室內裝修材料書(E1-4)」表列「合格證明」欄乙項,得填載「附開業建築師(或業設計技術人員)簽證切結書」替代。

99 請問若室內裝修只拆除室內分間牆,則是否仍需要檢討「綠建材」之規定?

答 一般室內裝修材料之「綠建材」檢討,應以實際使用裝修材料為簽證檢討內容,如僅係為分間牆拆除之裝修行為,則免附綠建材等相關證明文件。另辦公室設置系統隔間牆如涉及《建築物室內裝修管理辦法》所稱之室內裝修行為認定,則仍依相關規定檢討「綠建材」簽證。

100 請問一般設置「防火門」一定要往避難方向開啟嗎?有無例外規定?

答 1.依《建築技術規則》建築設計施工編第76條規定,防火門應免用鑰匙即可朝避難方向開啟。

2.供住宅使用及宿舍寢室、旅館客房、醫院病房等連接走廊者,則不在此限。

101 請問依現行法規規定,新作之「防火門」於完工後必須出具哪些證明文件?

答 申請室內裝修竣工查驗時,卷宗內應檢附經濟部標準檢驗局「商品驗證登錄證書」及「原型式試驗報告書」影本、「同型式判定報告書」影本、出貨(廠)證明書正本,以及整樘防火門之竣工照片暨其防火門驗證登錄檢驗標識之照片(相同編號之防火門,得各以一張竣工照片代表)。至履勘現場防火門上應確有「建築用防火門驗證登錄檢驗標識」,且應裝設開啟後能自動關閉之裝置。

102 請問通過檢驗合格標準的防火門，其「驗證登錄標示」可直接用「貼紙」方式標識嗎？

答 依經濟部標準檢驗局規定，建築用防火門之驗證登錄商品檢驗標識，應以油漆、打印、鑴印、蝕刻等方式，使符合「永久固定」方式標示為原則，不得採用貼紙之方式處理。

---

103 請問何謂具有「阻熱性」的防火門？且應如何辨識？

答 1.依《建築技術規則》規定，所謂「阻熱性」即指在標準耐火試驗條件下，建築構造當其一面受火時，能在一定時間內，其非加熱面溫度不超過規定值之能力。因此，凡經由經濟部指定認可的實驗室，依中國國家標準CNS11227/A3223防火門耐火試驗法測試合格，並取得經濟部標準檢驗局核發驗證登錄證書及授權標識者，即稱之為「防火門」。並視防火門試體加熱試驗結果，符合下列1～5項條件者，即可視為具阻熱性（即A種）防火門；若僅符合下列1～4項條件者，則視為不具阻熱性（即B種）防火門。

2.防火門耐火試驗測試結果須符合下列條件：

(1)未產生防火上認為有害之變形、破壞、脫落、剝離等變化者。

(2)未產生通達試體非加熱面之火焰及有害於防火之裂隙、孔穴。

(3)加熱試驗中，試體周邊（門扇）任一部分，反曲或撓度未超過門扇厚度二分之一。

(4)加熱試驗中，試體非加熱面未產生燃燒火焰。

(5)加熱試驗中，試體最高非加熱面溫度未超過260℃。

另外，依經濟部標準檢驗局規定，新作防火門應有「建築用防火門驗證登錄檢驗標識」以利判讀，例如f（60A）表示具有60分鐘防火時效且具有60分鐘阻熱性；f（60/30A）表示具有60分鐘防火時效但僅有30分鐘阻熱性；f（60B）表示具有60分鐘防火時效但未具阻熱性。

---

104 請問一般室內裝修採用「輕質隔間牆」時，有何優缺點？

答 1.優點：

(1)輕質隔間牆普遍具有良好的防火、防潮、防汙染、耐撞擊力、耐震性、隔音效果佳、不龜裂、不變形、不腐爛等特性。

(2)隔間變更時，可拆卸、重複使用，減少廢棄物。

(3)可依照空間使用用途之需求，貼覆表面板材以符使用需求；如：一般使用可以石膏板、氧化鎂板、碳酸鎂板、矽酸鈣板、輕質混凝土板等；若潮溼空間（如浴室）、防火需求較高之空間（如廚房）或容易造成碰撞之空間（如幼兒房）則可採用防水、防火、防蝕、耐損、隔熱之玻纖板、碳酸鎂板、矽酸鈣板或輕質混凝土板等。

(4)施工簡便、快速、組件輕量化、不受天候影響且一般木工即可施作，節省人力、物力及時間，同時亦可配合水電工程之配線施作。

(5)屬乾式施工，因此如遇趕工時，可連續施作。

2.缺點：

(1)由於表面板材具有功能性（如：防水、防火、耐蝕及耐撞等性能），故價格比傳統磚牆稍高。

(2)部分板材由於製作過程中常會添加甲醛，選用時應注意其含量，以免影響室內環境空氣品質及使用者之身體健康。

---

105 請問一般室內裝修採用「輕質隔間牆」時，在使用維護上需注意哪些事項？

答 1.附掛或鑽孔時，應採用專用之膨脹螺絲及掛鉤，且在鑽孔時應選用旋轉式鑽孔機。若使用振動式鑽孔機，將影響牆體的強度。

2.石膏板牆、石膏磚牆應避免受潮或水洗，清潔時使用乾布擦拭即可。清洗地板時，應先將拖把擰乾後再拖地，避免水分自牆底往上吸收。

3.牆面若有孔洞需要修補時，禁止使用水泥砂漿，應採用一般批土或專用的補孔材料為宜。

---

106 請問目前市面上一般常見的輕隔間材質有哪些，請至少舉出六種？

答 石膏板、矽酸鈣板、氧化鎂板、碳酸鎂板、輕質混凝土板、合成水泥板、ALC板、甘蔗板、密底板、中密度纖維板、IALC無機板。

---

107 請問一般木材表面刷塗防火漆或張貼防火壁紙，是否具有防火效能？

答 1.凡經經濟部標準檢驗局檢驗合格的防火塗料，得適用於室內裝修木質材料表面之塗布，並可依檢驗合格證書或驗證登錄證書所載耐燃等級，分別視為《建築技術規則》規定之「耐燃二級」或「耐燃三級」。

2.耐燃壁紙（布）為經濟部公告應實施檢驗之品項，其耐燃性能之檢驗係將壁紙、壁布以接著劑分別黏貼於耐燃一級及耐燃二級之試驗基材上，再依據「建築物室內裝修材料之耐燃性試驗法」檢驗。即將耐燃一級及耐燃二級之試驗基材，以接著劑黏貼壁紙或壁布後測試耐燃等級變化。即檢驗合格證書上有關壁紙（布）之耐燃等級標示，不得比照為《建築技術規則》所稱之「耐火板」或「耐燃材料」。

108 請問一般室內裝修之天花板，其上方之懸吊角材或托架是否可採用木料？

答 一般吊式天花板常用的木角材，若遇熱碳化後，強度會減失，易造成天花板掉落形成公共安全之問題。因此，若欲採用木角材時，木料表面刷塗防火漆，或者採用耐燃實木施作，以維安全。其次，亦可以在天花板拼接處以不燃膠片封填，或在木角料下緣使用防火材料保護，以避免墊條或木構架著火碳化。

109 請問一般室內裝修若採用防火性塗料（防火漆），施工時有何品質管理要求？

答 1.施工過程責令「室內裝修專業施工技術人員」或營造業之「專任工程人員」應於現場指導施作，並責請施工人員確依原塗料生產廠商提供之施工規範辦理，如有詭詐不實或肇致危險，當視其情形，由塗料生產廠商、經銷商、施工從業者分別依法負其責任。

2.「室內裝修專業施工技術人員」或營造業之「專任工程人員」應會同防火塗料現場施工人員於「施工過程紀錄表」簽章，以示負責。

3.「施工過程紀錄表」除應記錄防火塗料之數量、規格、合格證明字號並檢附材料證明外，需拍照存證，其照片場景應清楚呈現裝修現場施工人員塗裝過程、塗料容器上所標示之產品編號，並以文字敘明空間名稱與拍攝部位。

110 請問一般室內裝修工程較容易發生哪些糾紛？

答 1.合約圖面糾紛：以雙方未簽訂合約、合約內容不夠清楚完備、圖面不完整即進場施工、圖面表達內容與業主的認知有落差。

2.施工糾紛：工程品質不良或瑕疵、工期延宕、施工期間變更設計、實際工程施作數量與合約內容不符。

3.價款糾紛：業主拖延或扣留尾款、工程品質不良或瑕疵所造成的扣款問題、業主存心賴帳，無法支付剩餘工程款。

4.其他糾紛：裝修過程造成損鄰事件、材料與原約定內容不同、未申請裝修施工許可遭人檢舉。

請問土木包工業承攬室內裝修設計與施工之業務規定為何？

 1. 不得從事室內裝修「設計」業務：依《建築物室內裝修管理辦法》第4條規定其本屬室內裝修業從業者，自得依第5條第2款之業務範圍，從事室內裝修「施工」業務，但不得從事「設計」業務。

2. 應遵守承攬限額及越區營業之限制：土木包工業除應遵守營造業法有關承攬限額新臺幣600萬元之規定外，依同法第11條規定：「土木包工業於原登記直轄市、縣（市）地區以外，越區營業者，以其毗鄰之直轄市、縣（市）為限」。

3. 土木包工業負責人應負室內裝修專業施工技術人員之職責：《營造業法》第36條規定：「土木包工業負責人，應負責第32條所定工地主任及前條所定專任工程人員應負責辦理之工作。」因此，土木包工業從事室內裝修施工業務時，應由其負責人依建築物室內裝修管理辦法及營造業法上開規定負責辦理。

 請問室內裝修可以任意搭蓋「夾層」嗎？為什麼？

 1. 「夾層」依《建築法》及《建築技術規則》之規定，除依法委託開業建築師申請建造執照並經核准外，不得任意搭蓋，且其面積亦須合於《建築技術規則》之規定。

2. 因為合法申請而在取得使用執照後，二次施工搭建的夾層（俗稱「樓中樓」或「夾層屋」），即是不合建築法令的違章建築，有被「即報即拆」的風險。且不當增加建築物梁柱的承載荷重，對結構安全亦有不良影響。因此，在建築物樓層中任意搭設夾層，係為法令所不許，絕不因使用材質而視為室內裝修，除應無條件接受主管建築機關拆除外，並應負擔拆除費用。

 請問室內裝修可以拆除連接陽臺的外牆或拆改室內分間牆？有無特殊限制？

 1. 依《建築法》規定，建築物非經申請直轄市、縣（市）（局）主管建築機關的審查許可並發給建築執照，不得擅自建造、使用或拆除。所以，若將建築物原有外牆拆除，以「陽臺外推」方式將原有陽臺併入室內之一部分，即涉及增加該建築物的容積樓地板面積，必須依法申請建造執照。如果未經合法申請許可，擅自以二次施工方式將陽臺部分外推，以增加室內空間的作法，即屬違章建築。

2. 室內裝修之管理範圍即包含「分間牆之變更」，唯須注意下列限制：

(1) 不得拆除承重牆：承重牆係屬建築物的「主要構造」，室內裝修自不得加以破壞或妨礙。如需局部變更承重牆，不僅應辦理變更使用執照，且依《公寓大廈管理條例》規定，承重牆壁係屬於公寓大廈不得為約定專用的「共用部分」，非依法並經區分所有權人會議決議，不得變更。

(2)結構安全須由專業人員簽署負責：依《建築物室內裝修管理辦法》第22條規定，室內裝修圖說應由開業建築師或專業設計技術人員署名負責。但建築物之分間牆位置變更、增加或減少經審查機構認定涉及公共安全時，應經開業建築師簽證負責。

114 請問室內裝修常見哪些不當或破壞性的行為？

答 1.增添火災隱患：
　(1)採用易燃材料裝修。
　(2)拆改電線管路未套管。
　(3)地毯、窗簾、壁紙（布）等未採用防焰物品。
2.違建裝修：
　(1)擅自拆除連接陽臺之外牆。
　(2)違法搭建室內夾層。
3.輕忽構造安全：
　(1)任意於梁柱或承重牆鑽鑿、打洞。
　(2)任意敲鑿樓板或吊裝重物。
　(3)任意增加建築物載重。
4.侵害住戶共同利益：
　(1)防水措施不當，造成鄰近住家滲漏水。
　(2)擅自變更家戶內部的共同管線設備。
　(3)擅自於樓梯間、共同走廊裝修。

115 請問因應建築物屋頂之防漏，可以增建斜屋面以解決問題嗎？

答 建築物為5樓以下之平屋頂，建造逾20年以上或經依法登記開業之建築師或相關專業技師鑑定有漏水之情形，且非《建築技術規則建築設計施工編》第99條規定應留設「屋頂避難平臺」之建築物，為有效解決屋頂漏水問題，得申請於屋頂上加蓋斜屋頂，但應符合下列各款規定：
1.斜屋頂應以非鋼筋混凝土材料（含鋼骨）及不燃材料建造，四周不得加設壁體或門窗，高度從屋頂平臺面起算，屋脊小於1.5m，屋簷小於1m或原核准使用執照圖樣女兒牆高度加斜屋頂面厚度。
2.斜屋頂不得突出建築物屋頂女兒牆外緣。但屋頂排水溝及落水管在基地範圍內，且淨深小於30cm者，不在此限。
3.屋頂平臺面對道路或基地內通路應留設無頂蓋式之避難空間，其面積應大於該戶屋頂面積1/8，且不小於3m×3m，與樓梯間出入口間並應留設淨寬度1.2m以上之通道。但無樓梯間通達者，得免留設。

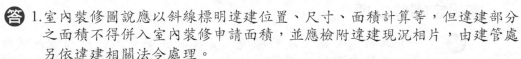

116 請問申請室內裝修審查時，如遇有違章建築部分應如何處理？

答 1.室內裝修圖說應以斜線標明違建位置、尺寸、面積計算等，但違建部分之面積不得併入室內裝修申請面積，並應檢附違建現況相片，由建管處另依違建相關法令處理。

2.為維護建築物公共安全，違建部分應依法設置各項消防安全設備，室內裝修材料並應依《建築技術規則》有關規定檢討辦理。

3.將陽臺外推（外牆拆除）之違建，應由建築師提出結構安全證明。但民國95年1月1日以後領得建造執照之建築物，陽臺外推或外緣加窗者，均應按使用執照核准圖說恢復原狀。

117 請問一般建築物之「分戶牆」的構造有何限制規定？

答 所謂「分戶牆」係指「分隔住宅單位與住宅單位或住戶與住戶或不同用途區劃間之牆壁。」分戶牆之構造，應為具有1小時以上防火時效之防火牆，並應通達樓板或屋頂，分戶牆上之開口，並應以具1小時以上防火時效之防火門窗區劃。此外，為避免萬一家戶發生火災時延燒至鄰戶，《建築技術規則》明定「防火區劃之牆壁，應突出建築物外牆面50cm以上。但與其交接處之外牆面長度有90cm以上者，得免突出。」。

118 請問依法申請變更戶數是否有每戶最小樓地板面積之限制？

答 戶數變更後之各戶樓地板面積未達30m²者（不含「陽臺」、「花臺」、「大公」（公共設施）、「小公」面積），應申請變更使用執照。但基於居住環境品質與空間使用之合理性考量，縱使申請變更使用執照，戶數變更後之各戶樓地板面積，供住宅使用者，每戶至少仍應達20m²；非供住宅使用者，每戶至少仍應達4m²，且最小寬度、深度不得小於1.5m。各戶之衛生設備數量，並應檢討符合《建築技術規則建築設備編》之規定。

119 請問室內裝修時將二戶間之分戶牆予以拆除，是否應先申請合併戶數？

答 公寓大廈區分所有權人併購隔鄰的專有部分以後，原來的共同壁（分戶牆）即成為室內分間牆，因此，將二戶間之分戶牆拆除，在不影響結構安全且防火區劃面積符合法令規定之前提下，仍屬室內裝修行為，得免申請合併戶數，但申請標的應載明二戶地址，以資明確。若分戶牆屬於構造上的「承重牆」，則室內裝修不得任意拆除，因承重牆不僅是公寓大廈不得約定專用的項目，且亦屬《建築法》明定的「主要構造」，非經申請變更使用執照，不得擅自更動。

請問公寓大廈管理委員會如何約束住戶的裝修行為?且住戶規約應規定哪些事項?

答 (一) 為確保公寓大廈的環境品質與居住安全,住戶的室內裝修行為,可藉由訂定「規約」的方式加以約束。所謂「規約」是指公寓大廈區分所有權人為增進共同利益,確保良好生活環境,經區分所有權人會議決議之共同遵守事項。因此,規約的內容只要不牴觸法令,效力相當於住戶間之法律。

(二) 欲將室內裝修管制納入公寓大廈規約時,應載明下列事項:

1.住戶施工前應向管理委員會備案,施工期間不得拒絕、阻礙管理委員會或市政府建管、消防、勞檢、環保等單位之監督及檢查。

2.室內裝修行為,嚴禁下列事項:

(1)妨礙或破壞建築物主要構造、防火區劃、防火避難設施及消防設備。

(2)占用或損壞公寓大廈共用部分或擅自移裝共用設備。

(3)擅自增設夾層或於天井、庭院、法定空地、陽臺、平臺等類似空間違章搭建構造物。

3.區分所有權人及住戶應督促室內裝修從業者遵守下列規定:

(1)施工期間應遵守環保、勞工衛生安全及消防法令規定,做好各項安全防護措施,油漆房間、家具時嚴禁使用明火。

(2)不得隨意在共同走廊、樓梯間、門廳、法定空地、防火巷等處堆置建材或工程廢棄物,並嚴禁從陽臺或窗口高空拋(倒)物。搬運建材或垃圾後應負責隨時打掃,維持清潔。

(3)施工時應關閉分戶門,平日晚間6時起至次日上午8時及例假日期間,不得從事敲、鑽、鑿、鋸等產生嚴重噪音之施工活動。

4.室內裝修過程若導致共用部分、公共設施或相鄰住戶之管道阻塞、滲漏水、停水停電、物品損毀等情事,區分所有權人及住戶應即時修復並承擔相對之賠償責任。

請問室內裝修施工中,容易發生火災的原因為何?

答 1.違反安全操作規定

(1)電氣焊割作業不當。

(2)易燃易爆氣體處理不當。

2.電器安裝不當

(1)線路安裝不當。

(2)燈具安裝不當。

3.缺乏消防意識

  (1)在施工地點抽煙。

  (2)心存僥倖破壞消防設備。

4.施工管理雜亂無章

  (1)未完成或已施作之材料任意擺置施工現場。

  (2)多層承包,防火安全層層脫節。

  (3)技術性施工人員未具有合格證照。

  (4)施工場所未區隔,邊裝修邊使用。

---

122 請問室內裝修工程常有哪些潛在之危害?又應如何預防?

答 1.潛在之危害:

  (1)爆炸與火警。

  (2)割傷。

  (3)漏電。

  (4)高處墜下。

  (5)扭傷。

2.預防措施:

  (1)保持室內空氣流通。

  (2)工作場所內禁止吸煙。

  (3)施工時遠離火源及熱源。

  (4)切勿儲存過量的物品或溶劑。

  (5)切勿啟動機具後無人看管。

  (6)配帶適當的個人防護裝備如:防割手套等。

  (7)工具的轉動部分未完全停止時,不可接觸。

  (8)電動手工具應妥當接駁地線及漏電斷路器。

  (9)使用雙重絕緣電動工具。

  (10)勿在潮溼處使用電動工具。

  (11)確保工作臺架結構良好及穩固。

  (12)使用安全帶時須扣在穩固錨點,並要高掛低用。

  (13)電梯口確實安裝圍籬及臨時照明。

  (14)搬運重物應採用正確的提舉方法,必要時並找人協助。

  (15)配帶適當保護手腳裝備,例如:手套、安全鞋等。

123 請問室內裝修工程中，有關機械與手工具之操作上，應注意哪些事項？

答 1.風車鋸、電鑽、射釘槍等機械工具，平日應妥善保養。

2.機具開啟後應專心操作，切勿分心而無人管理。

3.定期檢查各種工具及動力機械以保持在良好的操作狀態。

4.所有機械及工具之危險部位，應該有適當的防護措施。

5.操作木工機械時，必須配帶護眼罩、防塵口罩、耳塞等加以保護。

6.在使用危險性電動工具時，要確保工具有足夠的安全裝置，如：護罩、防漏電裝置等。

124 請問室內裝修工程施工中，從事高架工作時，應注意哪些事項？

答 1.爬梯之前，應先檢查並確定爬梯的穩定性。

2.上爬前宜在底部橫檔稍作跳動以測試其穩固程度。

3.爬梯之斜率不宜過緩或過陡，通常約4：1佳。

4.工作鷹架之搭設，必須留意地坪高差及臺架本身的穩固，並設置適當的斜撐補強。

5.工作鷹架之腳部滑輪必須鎖好，防止人員工作時產生移動。

6.工作臺面四周必須設置適當的圍欄及梯腳板。

7.工作鷹架之高度與最小底邊寬度比率不得超過3.5。

8.當有人員在工作鷹架上時，切勿移動鷹架，以免發生危險。

9.工作鷹架本身，宜設置供人員安全上下的固定爬梯。

10.梯腳與地面之角度應在75°以內，且兩梯腳間應有繫材扣牢。

11.合梯行走容易跌落，勿當移動式爬梯使用。

12.合梯之梯腳底端應裝設止滑裝置。

13.合梯之工作臺面寬度至少應有40cm以上。

14.合梯只限一人使用，若作業場所高度達2m以上時，應以架設施工架之方法設置工作臺。

15.工作臺上不可再架設合梯，以免因不穩而發生墜落之情事。

16.在合梯上工作不可有勉強的動作，並應避免產生反作用力而造成翻落之意外。

17.樓板開口四周應有適當警示圍護，臨時性封板並應具備可能的載重強度。

18.升降式工作臺在使用時的負重，不得超過機械安全操作之負荷。

19.操作員必須依據機械製造廠商之操作指引使用工作臺。

20.工作臺四周應設置高、中護欄及底護板（踢腳板）。

21.升降式工作臺之組立、拆卸或更改，均應由符合資格之專業人員監督指導下始可進行。

125 請問室內裝修工程施工中，其用電安全應注意哪些事項？

答 一般室內裝修工程施工過程中，往往需使用電動工具，萬一工具漏電或接觸到帶電部分，可能導致觸電、燒傷，嚴重者甚至死亡，因此施工時之用電安全不可不慎。而在使用電力方面，固定電力系統的裝置及維修，必須由合格的電氣技術人員操作，並定期維護及保養。且施工人員使用電動手提工具，必須有接地線或絕緣設施，並穿著絕緣性能良好的安全鞋（不可穿拖鞋）。而臨時性用電均應經「漏電斷路器」保護，以策安全。

1.拔取插頭切勿施力於電線上，以免接駁處鬆脫，造成觸電。

2.避免太多電器共用一個插座，導致電路負荷過大。

3.避免在潮溼的地方使用電動工具，並應穿著安全鞋。

4.電動手提工具宜採用具有雙重絕緣標誌者，在插電使用前，並應仔細檢查線路及插頭狀況是否正常。

126 請問室內裝修工程施工中，常見哪些化學品的危害？且應如何防範？

答 1.常使用之化學品：

(1)油漆

(2)膠黏劑（AB膠、強力膠）

(3)松節油

(4)三氯乙烷（脫脂劑）

(5)三氯乙烯（脫脂劑）

(6)甲苯

(7)酒精

(8)甲醛、香蕉油

2.常見之危害性：

(1)氣體有麻醉作用，吸入可引致暈眩，對肝腎造成破壞。

(2)氣體有麻醉作用，吸入可引致暈眩。

(3)高度易燃。

(4)樹脂令皮膚產生過敏反應。

(5)刺激皮膚及眼睛。

(6)氣體與空氣混合成爆炸性氣體。

3. 如何防範：室內裝修施工過程中，施工人員長時間暴露在各種不同的化學品中，特別是揮發性的有機化合物，常會造成嚴重的健康問題。而這些化學品經由呼吸或皮膚吸收入人體內，常造成刺激眼睛、皮膚，甚至有麻醉作用導致昏昏欲睡，長期會損害肝臟及腎臟功能。因此，施工人員必須依規定穿著防護衣並戴口罩、嚴禁抽煙酗酒，並應注意場所之通風，尤其油漆、膠黏劑等化學品都有高度易燃性，噴塗過程中若不注意空氣流通、使用電器或吸煙，隨時均有引起火警、爆炸之虞，甚至導致嚴重之傷亡。

(1) 裝修現場應嚴禁吸煙，以免引起火災及爆炸。

(2) 盛裝易燃性液體的容器應隨手蓋好，以免易燃性氣體充斥於施工場所內，造成火警或爆炸之危險。

(3) 裝修施工使用化學品時，應遵從容器上標籤所指示的安全注意事項。

(4) 使用油漆、天拿水、膠黏劑、酒精、甲苯等高度易燃性化學品時，應遠離火種，並注意室內通風。

(5) 皮膚或工作服沾染化學品時，應立即以大量清水及肥皂沖洗，情節嚴重者並應立即送醫。

---

127 請問室內裝修施工人員應遵從哪些工作守則，以減少或避傷害發生？

答 1. 教育訓練：所有施工人員均應接受雇主相關的勞工安全衛生訓練，瞭解各種工作之危害與安全控制措施。

2. 溝通與合作：

(1) 遇機具有任何故障時，應立即向主管報告，並標示「維修」警告，以免他人續用而造成意外。

(2) 危險性機具並應設置緊急停止按鈕，有助於減低受害程度。

(3) 當對材料或工具的使用方法有疑問時，應小心查閱說明書或向主管人員請示。

3. 作業前檢查：

(1) 裝修前必須明瞭各有機溶劑的成分及危害性，辨別是易燃、有毒或有害，從而加強防範措施，以減輕傷害。

(2) 裝修前要仔細檢查電動手工具之電線、插頭、接駁地線、漏電斷路器等是否良好，不可使用已毀損的工具。

(3) 高架作業前，要仔細檢查工作鷹架或梯具的穩固性，並應設置安全圍護或安全帶，以免人員摔落造成傷害。

4. 使用與裝備：

(1) 電動機具應由專業檢定合格之技術人員負責操作。

(2)攜帶性工具應放於工具箱或工具腰帶內，不應隨處擺放或置於人員容易撞跌之位置。

(3)打磨及穿孔時，必須戴上護眼罩、防塵口罩等。

(4)使用易燃液體或有機溶劑等化學品，必須配戴個人防護裝備，如：防化學品手套、面罩、護眼罩等加以保護。

(5)裝修工地應備妥多種滅火工具（如滅火器、溼砂、溼布、水等），滅火器的數量，以每100m²設置二具為原則，並注意藥包的使用期限。

(6)施工期間如需暫時關閉消防安全設備功能時，應降到最低影響程度，並事先通報各住戶，同時管理人員應加強巡邏及監控，隨時掌握並於施工完竣後檢測該項設備功能正常後告知住戶。

(7)如需更動施工場所之電力裝置，應由領有合格證照之專業電氣技術人員處理。

(8)施工場所應保持室內的空氣流通，並嚴禁工作人員抽煙及酗酒。

(9)施工期間伴隨設備使用，有產生火花之虞時（如：焊接、熔斷、使用噴燈等），應於作業前散布溼砂，去除周圍可燃物並使用不燃材料遮蔽等防護措施，同時於附近備妥滅火器及監視人。另使用電器時不可超過電流負載，必要時應加裝漏電斷路器。

5.搬運方面：

(1)搬運物料應盡力而為，但大件或笨重物料應找人協助或以機械輔助，切勿彎腰抬舉過重物品，以免扭傷。

(2)途經門口時，應檢查門口是否有足夠寬度，以防身體撞傷或擦傷。

(3)搬運前應先瞭解搬運路線，並清除運送路線之障礙物。

---

128 請問室內裝修工程施工中，應注意哪些環保法令及汙染防治措施？

答 1.廢棄物清理方面：

(1)住戶若於公共空間堆置雜物，公寓大廈管理委員會應予制止或按規約處理，必要時得報請市政府（建管處）依《公寓大廈管理條例》處以新臺幣4萬元以上20萬元以下罰鍰。

(2)裝潢廢棄物應以袋裝，不可散落於地面、水溝，並應立即清理。嚴禁在公共區域汙染地面、水溝、牆壁、梁柱、道路或其他土地定著物之行為，違反規定者，得依「廢棄物清理法」處新臺幣1200元以上6000元以下之罰鍰，拒不改善者得按日連續處罰。

2.空氣汙染防制方面：

(1)按「空氣汙染防制法」之規定，從事營建或裝修工程、粉粒狀物堆積、運送工程材料、廢棄物或其他工事，應有適當之防制措施，避免引起塵土飛揚或空氣汙染。

(2)裝修工程如有置放、混合、攪拌、加熱、烘烤物質或從事其他操作，不得產生惡臭或有毒氣體。

(3)油漆、噴漆作業應在通風良好的環境下進行，但應將大門關上，以免溶劑氣味溢出而影響左鄰右舍。

3.噪音管制方面：

(1)所謂「噪音」係指發生之聲音超過管制標準而言（裝修工程管制均能音量為70db；最大音量為80db）。按《噪音管制法》之規定，製造不具持續性或不易量測而足以妨礙他人生活安寧之聲音，由警察機關依法處理。警察機關一旦查獲屬實，當通報環保局責令限期改善，屆時如仍未改善，則處新臺幣1萬800元以上18萬元以下之罰鍰。如拒不改善則得按日連續處罰，或勒令停工。

(2)為避免影響住家安寧，最好在公寓大廈規約內明定允許住戶裝修施工的時間。若裝修行為影響到其他住戶安寧時，得請求管理委員會予以制止或以規約處理，必要時亦可報請主管機關處理。

129 **請問使用合梯於作業時應注意事項為何？**

 （一）作業前應注意事項：

1.作業人員精神及健康狀態良好，確實可以進行相關作業。

2.所有人員應戴安全帽，且遇高架作業時，人員亦應佩戴安全帶，安全帶之繫索不得架設於合梯及移動梯上。

3.檢查合梯及移動梯上是否有雜物油汙等可能造成打滑之情形，若有應予清除，作業人員之鞋底亦應檢查保持清潔。

4.檢查合梯及移動梯的各部構件及零件是否堪用，並確實於空曠安全之場所試用之。

5.檢查滑輪組、升降機件、收合機件、固定繫桿、或鉸接固定器是否堪用，若不能固定或操作者，則不應用該設備。

6.滑輪組、升降機件、收合機件部分應每月確實保養。

7.檢查防滑腳座是否磨損，必要時應予更換。

8.架設梯子之地面或樓板面應確實堅固，並試用以確認其地面或樓板面能提供足夠之磨擦力。

9.立面或擬架設之高處支點應確實可供使用及安全無虞可做為支點使用。

10.相關作業動線應予先行清除，若遇其他作業動線應予排除，並予隔離。

11.作業前應確認相關電線、電器設備，並先行採取必要之防護、接地或隔離之作業。

12.作業人員應確實了解各部機件及安全裝置的使用方法，並確保不會誤用。

13. 必要時應先統一各項作業手勢。

14. 手工具等應配掛於工具帶中，不得手持。

15. 人員應了解該梯之載重及使用角度限制。

（二）架設時之注意事項：

1. 架設時合梯應確實將固定繫桿或鉸接固定器確實定位。

2. 若以合梯為工作檯支架時，其設置應依下列規定：

　　凡離地面或樓板面2m以上之工作檯應舖以密接之板料：

　(1)固定式板料之寬度不得小於30cm，厚度不得小於3.5cm，縫不得大於3cm，其支撐點至少應有2處以上且無脫落或移位之虞。

　(2)活動板料之寬度不得小於30cm，厚度不得小於3.5cm，長度不得小於3.6m，其支撐點至少應有3處以上，板端突出支撐點之長度不得小於10cm，但不得大於板長1/18。

　(3)活動板料於板長方向重疊時，應於支撐點處重疊，其重疊部分之長度不得小於1/20。

3. 折梯應將鉸固定器確實固定。

4. 伸縮梯應將升降鉤確實定位後，方得使用。

5. 單梯、伸縮梯上方有掛鉤者應優先使用，以取得最安全之操作方式，但若掛鉤無法完全使用時，則不應將掛鉤當作支點使用，此時應考慮將掛鉤拆下，或伸長前端長度使掛鉤不會變成支點。

6. 單梯、伸縮梯或折梯之架設角度不得超過75°。

7. 無掛鉤之單梯、伸縮梯等設置於平臺時應超過平臺60cm以上。

（三）作業中注意事項：

1. 人員上下梯時不得超過重量限制。

2. 遇有天候不佳（下雨、強風）時，應暫停使用。

3. 遇有安全顧慮時應立即停止使用。

4. 遇地震時應停止使用，地震後應重新檢查設備，必要時需重新架設後，方得使用。

5. 上下梯時雙手均不得持物，工具應配掛於工具帶中並扣好，以避免掉落。

6. 有物料運送時，應待人員定位後由他人傳送，人員不得站在梯上做運搬作業或傳遞物料工具。

7. 人員爬至定位後，應將安全帶鉤掛於堅固之物件或繫掛裝置上。伸手不可及之物料工具等，絕對不可強行攀取。

8. 伸手不及之處，禁止強行攀爬，應回到地面重新架設。

9. 有人員在使用時，任何人不得移動合梯及移動梯。

10. 人員不得站立於梯上移動合梯及移動梯。

11. 作業區域內，禁止進入。

12.上下梯時隨時注意隨身物品有無妨礙上下或鉤住或觸及安全裝置。

13.合梯及移動梯不得在施工架上使用。

（四）作業後注意事項：

1.檢查各項安全裝置是否仍為堪用。

2.清潔與保養。

（五）配合機具及防護具：

1.安全帶及工具帶應正確配帶，工具帶應能確實將工具固定，不致因碰撞而掉落。

2.其他作業人員及機具應與合梯及移動梯保持距離，避免碰觸。

3.有關作業場所附近電氣設備、機具之接地，感電防護等作業應於作業前完成之。

4.物料運搬應另備方法或運搬機具以完成之。

---

130 請問辦公室空間屬於《建築技術規則》中，建築物防火之內部裝修限制之建築物類別中之哪一類？且其適用之室內裝修材料為何？

答 1.G類，分成G-1、G-2、G-3等3種組別。

2.其內部裝修材料在「居室或該使用部分」為耐燃三級以上；而「通達地面之走廊及樓梯」則為耐燃二級以上。

---

131 請問依法規說明，住宅的裝修材料有無特殊之不受限制？

答 依《建築技術規則》之規定，住宅裝修具有下列之情形，得不受限制：

1.住宅單元內之非居室空間：浴廁、陽臺、儲藏室等屬於非居室空間，裝修材料不受限制。

2.裝設自動滅火、排煙設備：住宅內部若設有自動滅火設備及排煙設備者，裝修材料不受限制。

3.防火區劃面積100m²以下：建築物如按樓地板面積每100m²範圍內以具一小時以上防火時效之牆壁、防火門窗等防火設備與該層防火構造之樓地板區劃分隔者，裝修材料不受限制。

4.高度在1.2m以下之牆面、地坪、天花板周圍押條：住宅內部自樓地板面起1.2m以下部分之牆面、地坪及天花板周圍押條等裝修材料得不受限制。

5.位於十層以下之住宅居室：使用燃燒設備之房間（廚房）外，裝修材料得不受限制。

132 請依法規說明哪些裝修行為係住宅室內裝修時，不當的違規裝修行為？

答 一般住宅室內裝修時，最常見的違規裝修行為即為破壞或影響建築物的「主要構造」，其中尤以下列為主：

1. 違規擅自拆除連接陽臺之外牆結構：由於都市土地寸土寸金，且建設公司在售屋時又將陽臺視為室內坪數一併出售，因此，部分住戶為增加室內空間面積，並可拓展視野、增加採光或施作景觀設施（如：花圃、水池及休憩步道與檯面等），將連接陽臺之外牆結構予以拆除，此舉不僅違規擴增建築容積，且擅自變更建築物之外牆構造，嚴重者甚至影響建築物之整體結構安全，更是法令所不容許者。

2. 違法增建室內夾層：因應都市公寓大廈式的小套房型式盛行，許多建商因此利用違法增建室內夾層以廣招徠，然而增建室內夾層不僅違規擴增建築容積，且明顯增加建築物之結構載重，倘若地震來臨時，建築物所受之地震總橫力將大幅增加，不僅對整體防震不利，且相對亦容易使建築物的受災程度更加嚴重。

3. 違法增建或違章加蓋頂樓：此情形通常易發生於透天住宅，於防火巷或頂樓予以違法增建或違章加蓋，不僅違規擴增建築容積，另為便於施工起見，常須打除原有結構以便接合違法增建或違章加蓋部分，此舉不僅破壞原有建築物結構，且又明顯增加建築物之結構載重，倘若地震來臨時，則建築物所受之地震總橫力將大幅增加，不僅對整體防震不利，且相對亦容易使建築物的受災程度更加嚴重。

133 請說明一般住宅進行室內裝修時，容易輕忽或影響建築物結構與構造安全之行為為何？

答 一般常見之住宅進行室內裝修時，容易輕忽或影響建築物結構與構造安全之行為如下：

1. 未經結構計算即任意於梁柱或承重牆、剪力牆上鑽鑿打洞：此舉最常見於分離式或中央空調及水電設備之管路安裝，由於大多為配合室內裝修而事後施工，且工人對於結構之安全毫無概念，因此常造成對建築物結構與構造安全之破壞與影響，而不自知。尤其梁柱、承重牆、剪力牆等均是建築物之主要構造，若未經結構計算即任意鑽孔、打洞或貫穿，勢將破壞建築物整體承重，以及形成建築物結構與構造之安全最脆弱的部位，更嚴重影響建築物之抗震能力。

2. 未經結構計算即任意鑿除樓板或懸吊重物：由於國人在室內裝修前，常會請風水師指點室內風水，因此常見樓梯或浴廁隔間須移位者，此時便須鑿穿樓板以重新安排室內隔間及樓梯等構造之位置。另外，部分業主如欲重新鋪設地磚或花崗石，則須將原有地磚或樓板表面鑿毛再行鋪設地磚或花崗石；至於鋪設木地板亦須在樓地板上直接以角材固定，且樓

下住戶如欲吊裝天花板或安裝大型燈飾及安裝空調機具與風管等，亦常在樓板鑽鑿。類此行為常會導致樓板滲漏、隔音效能降低及造成樓板之承重與耐震性能減弱之問題。

3. 未經結構計算即任意增建或違建使建築物載重增加：最常見即在頂樓違章加蓋或於防火間隔違規增建，另外，室內原有分間牆拆除另增砌多面磚牆或R.C牆，為重新配置管路在原有樓地板上以混凝土墊高地坪或以其他構造形式增加樓地板的高低差等方式，均明顯增加建築物載重，遭遇地震時將會增加建築物所受之地震總橫力，此舉亦將使建築物的受災程度更形加劇。

134 請依《公寓大廈管理辦法》說明一般公寓大廈住戶室內裝修時，容易侵害住戶共同利益之行為？

答 1. 浴廁因防水施工不當，造成樓下住戶滲漏水：住戶因建設公司防水施工不當或室內裝修時更換浴廁、廚房之地磚，或更換衛浴設備及變更浴廁、廚房之位置等，且未妥善做好防水措施與洩水坡度或地磚之材質不良等因素，均有可能造成樓下住戶滲漏水。此時依「公寓大廈管理辦法」規定，應由樓上住戶負責維修。

2. 擅自變更自家內部之共用管線設備：依「公寓大廈管理辦法」規定，敷設於建築物且屬共用部分之電氣、煤氣、給水、排水等設施或設備，應屬區分所有權人生活利用上，不可或缺的建築物設備，因此，住戶在室內裝修時，不得擅自變更自家內部之共用管線設備。

3. 擅自於公寓大廈樓梯間、共同走廊裝修：依「公寓大廈管理辦法」規定，公寓大廈之樓梯間、共同走廊及門廳等均屬「共用部分」，非依法並經區分所有權人會議決議，不得擅自變更其使用目的或裝修、設置鞋櫃或占為己有、獨占使用等行為。

135 請說明哪些住宅裝修行為會增加火災之風險？

答 1. 採用易燃材料裝修：依規定6樓以上之公寓大廈均屬供公眾使用之範圍，依法應使用防火建材裝修，然因查核不力，故多數住戶仍以非防火建材裝修。此舉不僅增加火災之風險及火災負荷，而且還會產生大量有毒濃煙，對火場內人員的逃生避難將造成嚴重的威脅。且依《建築法》規定，若因此致人重傷或致人於死均會判刑及併科罰金。

2. 拆改電線，電線並未套裝PVC管：一般住戶在裝修時，常為美觀考量起見，會將明管改成暗管，而電線若未套裝PVC管，當塑膠皮老舊破損或遭蟲鼠啃咬，將使牆面及地面帶電，影響居住安全。尤其在裝修天花板時，為增加燈飾之數量，致額外增加電線之排配且未套裝PVC管，更易增加電線走火之風險。

3.地毯、窗簾、壁布等未採用防焰物品：依規定11樓以上之居室空間，其地毯、窗簾、壁布等應採用防焰物品，以避免火災發生時發生濃煙急速擴散或滯留之情形，因此導致重大人員傷亡之事件發生。

---

136 請依法規說明室內裝修時，可否拆除室內分間牆？是否有何特殊限制？

 1.《室內裝修管理辦法》中，即明訂有「分間牆之變更」，因此，如有關「供公眾使用建築物」範圍之建築物室內裝修時，欲拆除無結構安全問題之室內分間牆應經開業建築師或經審查機構團體之合格人員認定安全無疑，且簽證負責，則才可進行拆除。

2.其特殊限制為下列：

(1)不得拆除承重牆：因為承重牆乃係建築物的「主要構造」，所以室內裝修時自然不得加以破壞或妨礙。如需局部變更承重牆，不僅應辦理變更使用執照，且依據《公寓大廈管理條例》之規定，承重牆係屬公寓大廈不得為約定專用之「共用部分」，非依法並經區分所有權人會議決議，不得變更。因此，不得任意擅自變更改造或任意拆除。

(2)室內裝修圖說應由專業技術人員署名負責：依據《建築物室內裝修管理辦法》第25條規定，室內裝修圖說應由開業建築師或專業技術人員署名負責。但建築物之分間牆位置變更、增加或減少經審查機構認定涉及公共安全時，應經開業建築師簽證負責。

---

137 請問一般公寓大廈之樓梯間，區分所有權人是否可以裝修設置鞋櫃、置物櫃或充做他用？

 1.依據《公寓大廈管理條例》第16條第2項規定，「住戶不得於防火間隔、防火巷弄、樓梯間、共同走廊、防空避難設備等處所堆置雜物、設置柵欄、門扇或營業使用」。

2.樓梯間不僅為公寓大廈的「共用部分」，產權並非住戶單獨擁有，而且在樓梯間裝修設置鞋櫃、置物櫃或堆置雜物、設置柵欄、門扇及營業使用，均可能影響逃生避難安全。

3.若發現住戶違反規定，可以要求管理委員會出面制止，若住戶拒不改善或配合處理，則可報請各縣市政府主管機關，依據《公寓大廈管理條例》第39條規定，處新臺幣4萬元以上20萬元以下罰鍰，以懲效尤。

138 請問若在公寓大廈之上下樓層均為住戶專有，則其中間所夾之樓板可否拆除加設室內梯？

答 1.通常公寓大廈專有部分之樓地板，係屬於上、下區分所有權人所共有，但若上、下層同屬一所有權人時，如要變更中間所夾之樓地板構造，則可免經區分所有權人同意，而自行申請變更。

2.樓地板係屬《建築法》所明定之「主要構造」之一，如果住戶要局部拆除（挑空）或增設室內樓梯等行為，實已逾越室內裝修的管理範圍，因此，必須委託開業建築師辦理變更使用執照，同時並檢討結構安全，且做適當的結構或構造補強，以符法規之需求。

139 請問依《公寓大廈管理條例》之規定，公寓大廈管理委員會是否有權約束住戶之居家裝修行為？又其方式為何？

答 1.依《公寓大廈管理條例》之規定，公寓大廈管理委員會有權約束住戶之居家裝修行為。

2.其方式為下列所示：

(1)為確保公寓大廈的居住環境品質與居住安全之考量，有關住戶之室內裝修行為，可藉由訂定「規約」的方式加以約束。

(2)所謂「規約」乃係指公寓大廈區分所有權人為增進共同利益，確保居住生活之環境品質，經區分所有權人會議決議之共同遵守事項。

(3)規約的內容只要不抵觸法令，其效力亦相當於住戶間之法律，甚至可約束下一位接手的住戶。

(4)尚未成立管理組織的公寓大廈，如欲制訂住戶規約，應先依《公寓大廈管理條例施行細則》第8條規定，推選出召集人，並由召集人召開第一次區分所有權人大會，經區分所有權人會議特別決議通過，制訂規約。

(5)有關規約的訂定或變更，依《公寓大廈管理條例》之規定，應有區分所有權人2/3以上及其區分所有權比例合計2/3以上出席，並以出席人數3/4以上及其區分所有權比例占出席人數區分所有權3/4以上之同意。

140 請問若將室內裝修管理的部分納入公寓大廈之規約中，須規定哪些事項？

答 1.室內裝修施工前應向管理委員會備案，且於施工期間，不得拒絕、阻礙或妨害管理委員會或縣市政府之建管、消防、勞安、環保或衛生等單位之監督及檢查。

2.室內裝修行為，禁制下列事項：

(1)妨礙或破壞建築物主要構造、防火區劃、防火避難設施及消防設備。

(2)占用、損壞公寓大廈共同部分或擅自移裝共用設備。

(3)擅自增設夾層或天井、庭院、法定空地、陽臺、平臺等類似空間違章搭建構造物。

3.區分所有權人及住戶應督促室內裝修從業者遵守下列規定：

(1)室內裝修施工期間，應遵守環保、勞工安全衛生及消防法令規定，做好各項安全防護措施；油漆房間、家具時，嚴禁使用明火。

(2)不得隨意在共同走廊、門廳、樓梯間、法定空地、防火巷等處堆置建材或工程廢棄物，並嚴禁從陽臺或窗口高空拋擲（倒）。搬運建材或垃圾後，應負責隨時打掃，以維持清潔。

141 請概述室內裝修工程中，對於有關爆炸與火警之潛在危險因子，應如何防範？

答 1.絕對保持室內空氣流通。

2.工作場所內禁止吸煙。

3.施工時切記遠離火源及熱源。

4.切勿儲存過量的易燃液體或易燃物。

5.油漆時非必要切勿完全緊閉門窗，且需遠離火源及熱源。

142 請說明室內裝修工程施工中，其廢棄物清理方面應注意哪些相關規定？

答 1.公寓大廈之住戶在進行室內裝修工程施工中，若於公共空間或走道堆置雜物時，公寓大廈管理委員會應予制止或按規約處理，如屢勸不聽必要時報請縣（市）政府建管單位，依《公寓大廈管理條例》之規定，處以新臺幣4萬元以上20萬元以下之罰鍰。

2.室內裝修工程相關廢棄物應以袋子裝好，不可散落於地面、水溝，並應立即清理，同時亦嚴禁在公共區域汙染地面、水溝、牆壁、梁柱、道路或其他土地定著物之行為，違反規定者，得依《廢棄物清理法》處新臺幣1200元以上6000元以下之罰鍰，拒不改善者得按日連續處罰。

143 請說明室內裝修工程施工中,其空氣汙染防制方面應注意哪些相關規定?

答 1.依據《空氣汙染防制法》之規定,從事營建或裝修工程、粉粒狀物堆積、運送工程材料、廢棄物或其他工事,應有適當之防制措施,避免引起塵土飛揚或空氣汙染。

2.室內裝修工程如有置放、混合、攪拌、加熱、烘烤物質或從事其他操作,不得產生惡臭或有毒氣體。

3.室內裝修工程中,油漆、噴漆作業應在通風良好的環境下進行,但應將大門關上,以免溶劑氣味溢出,而致影響左鄰右舍及室內空氣環境品質。

144 請問室內裝修工程中,對於物料之堆放應注意哪些事項?

答 1.不得超過堆放地之最大安全負荷。

2.不得影響照明。

3.不得阻礙交通或出入口。

4.不得妨礙機械設備之操作。

5.不得減少自動灑水器及火警警報之有效功能。

6.不得妨礙消防器具之緊急使用。

7.以不倚靠牆壁或結構支柱堆放為原則,並不得超過其安全負荷。

145 請問為使防火安全成為建築使用管理重要之一環,內政部建築研究所目前積極推動之「防火標章認證」,最主要針對哪些場所?

答 內政部建築研究所積極推動所有「公共場所」,尤其是「供公眾使用建築物」,因為消費者、使用者常會前往這些「公共場所」或「供公眾使用建築物」,例如:百貨商場、觀光飯店、旅館、購物中心、KTV、展覽館、博物館、機場、高鐵、捷運等公共場所,凡是公眾聚集或活動的場所,內政部建築研究所均希望皆具有「防火標章認證」,亦即具有防火保護和應變能力的建築物。

146 請問內政部建築研究所目前積極推動之「防火標章認證」，其效益為何？

答 建築物之公共安全及使用管理已成為現代人不容忽視的生活議題之一，而通過「防火標章」之建築物亦就代表對財產生命安全絕對重視。然由於通過認證的門檻相較於一般安全檢查要更嚴格些，相對而言並不易取得。至於，通過防火標章後，即表示建築物的防火避難設施及消防設備機能狀況良好，且場所的防災應變措施亦有良好準備，此舉對飯店、餐廳、旅館、學校等公共場所，都有明確的指引性，可以提昇業績。其效益為：

1. 商業火險保險費予以折減，最高可以折減40%（建築物及其內生財物品均可折減）。

2. 提供消費者安全消費場所的榮譽標示（防火標章、中文／英文證書），提昇與同業間差異化與市場競爭力。

3. 提供場所所有（管理）權人原有合法建築物改善與辦理防火避難性能設計計畫等技術諮詢。

4. 防火標章審查標準考量營造優良安全的防火空間，有效降低場所災損風險。

147 請問通過內政部建築研究所目前積極推動之「防火標章認證」，所代表之意義為何？

答 1. 申請防火標章的建築物，在過程中雖可能面臨改善工作，然而防火安全的改善一方面因建築物之折舊，致因此而產生的改善工程，為建築物本身生命週期內產生的折舊修繕支出；另一方面則為提昇建築物防火安全而產生之改善或策略，此部分即為不動產保值或加值的手法。

2. 申請防火標章因為具有不動產加值的意義，同時亦有企業品牌提昇的目的，而亦因為品牌提昇所需投入的成本很高，且防火標章申請時所投入以及獲取的效益比相對很高，故防火標章即如同ISO的安全認證。

148 請問內政部建築研究所除推動「防火標章認證」之外，目前積極推動之方針有哪些？

答 1.為達成生態與永續環境發展、智慧臺灣與照顧高齡及身心障礙等弱勢族群，內政部建築研究所積極推動生態城市與綠建築推動方案、全人關懷的建築與都市環境、智慧化居住空間產業發展等科技計畫，以建構安全、健康、節能、永續、便利、舒適的生活與建築環境。

2.另外在綠建築、綠建材、建築防火、建築耐震、智慧型建築等研究均已具相當成果，且能用於修訂相關建築法規、技術規範、國家標準等，將大力推展鼓勵民眾自發性申辦各種標章，對提昇建築及生活環境品質，確有實質之助益。

149 解釋名詞：

答 1.分間牆：分隔建築物內部空間之牆壁。

2.分戶牆：分隔住宅單位與住宅單位或住戶與住戶或不同用途區劃間之牆壁。

3.承重牆：承受本身重量及本身所受地震、風力外並承載及傳導其他外壓力及載重之牆壁。

4.帷幕牆：構架構造建築物之外牆，除承載本身重量及其所受之地震、風力外，不再承載或傳導其他載重之牆壁。

5.不燃材料：混凝土、磚或空心磚、瓦、石料、鋼鐵、鋁、玻璃、玻璃纖維、礦棉、陶瓷品、砂漿、石灰及其他經中央主管建築機關認定符合耐燃一級之不因火熱引起燃燒、熔化、破裂變形及產生有害氣體之材料。

6.耐火板：木絲水泥板、耐燃石膏板及其他經中央主管建築機關認定符合耐燃二級之材料。

7.耐燃材料：耐燃合板、耐燃纖維板、耐燃塑膠板、石膏板及其他經中央主管建築機關認定符合耐燃三級之材料。

8.防火時效：建築物主要結構構件、防火設備及防火區劃構造遭受火災時可耐火之時間。

9.阻熱性：在標準耐火試驗條件下，建築構造當其一面受火時，能在一定時間內，其非加熱面溫度不超過規定值之能力。

10.避難層：具有出入口通達基地地面或道路之樓層。

貳 室內環境控制
（含水電、空調及照明、音響工程）

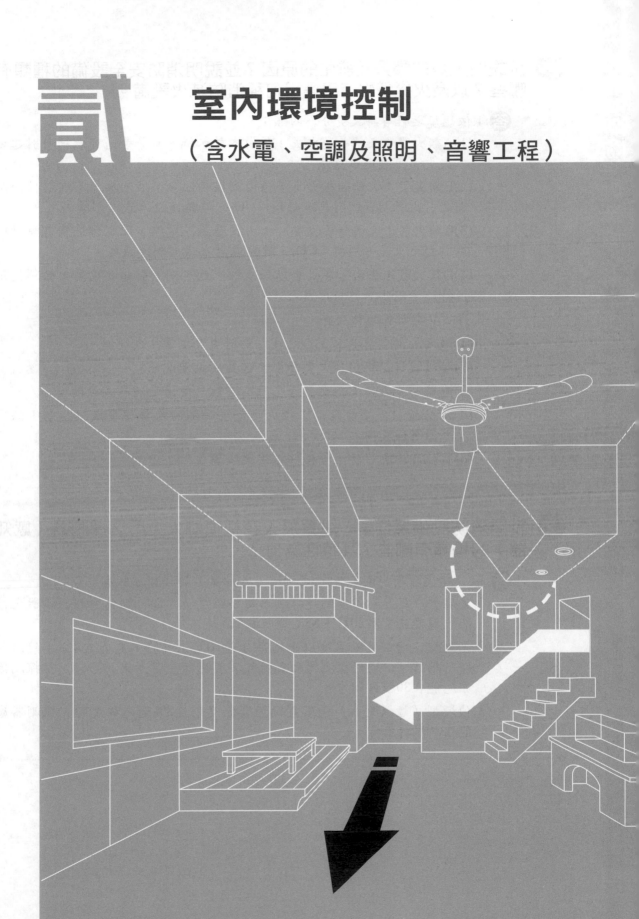

1 試說明火災的種類及發生的原因？並說明消防安全設備的種類有哪些？以及火災發生時應選用何種消防滅火設備。

答 1.依燃燒之性質將火災分為四類：

(1)A類火災：又稱普通火災，係由木材、紙、布等普通可燃物所引起之火災，可利用水撲滅。

(2)B類火災：又稱油類火災，係由動植物油類、石油類等半固體性油脂之引火性物質所引起，必須以CO_2、乾粉或泡沫滅火劑撲滅之。

(3)C類火災：又稱電氣火災，係由電壓器、電線、配電盤等電氣設備所引起之火災，須使用CO_2、乾粉或泡沫滅火劑撲滅之。

(4)D類火災：係由可燃性金屬如：鉀、鈉、鎂等引起之火災，必須使用特種金屬化學乾粉撲滅之。

2.消防安全設備的種類有：

(1)滅火設備：指以水或其他滅火藥劑滅火之器具或設備。

(2)警報設備：指報知火災發生之器具或設備。

(3)避難逃生設備：指火災發生時為避難而使用之器具或設備。

(4)消防搶救上必要設備：指火災發生時消防人員從事搶救活動上必需之器具或設備。

(5)其他經中央消防主管機關認定之設備。

---

2 試問消防設備單位中，設置於天花板偵測火災用之探測器（感知器）的種類有哪些？其特性為何？

答 依《建築技術規則》規定探測器（感知器）的種類分類有三：

1.定溫型：裝置點溫度到達探測器定格溫度時，即行動作。該探測器之性能，應能在室溫20℃～85℃時，於7分鐘內動作。

2.差動型：當裝置點溫度以平均每分鐘10℃上昇時，應能在4分半鐘以內即行動作，但通過探測器之氣流較裝置處所室溫高出20℃時，該探測器亦應能在30秒內動作。

3.偵煙型（煙探測器）：裝置點煙霧濃度到達8%遮光程度時，探測器應能在20秒內動作。

3 一般營業用廚房及理容院之洗髮室其排水設施必須有哪些裝置？同時配管裝置要注意哪些規定。

答 一般營業用廚房及理容院之洗髮室其排水設施必須裝置截留器，而截留器主要之作用是防止排水中的有害物質或穢物進入排水系統，同時將其收集清除。廚房應設置油脂截留器，其原理乃是利用油脂浮於水表面之特性，將其阻截收集；而理容院應設置毛髮截留器，其原理即是利用內部之濾網過濾收集。

截留器亦屬存水彎之一種，同樣是介於衛生器具與排水管間之隔離器，但一般存水彎的作用是防止臭氣或蟲類之進入，而截留器主要之作用是防止排水中的有害物質或穢物進入排水系統，同時將其收集清除。阻集之方式有稀釋、過濾、沉澱、分離等，以下將介紹幾種不同功能之截留器：

1.油脂截留器（Grease Trap）：其原理乃是利用油脂浮於水表面之特性將其阻截收集。

2.油料截留器（Oil Trap）

3.毛髮截留器（Hair Trap）：其原理乃是利用內部之濾網過濾收集。

4.石膏漿液截留器（Plaster Trap）

5.砂截留器（Sand Trap）

《建築技術規則建築設備編》第36條建築物排水中含有油脂、砂粒、易燃物、固體物等影害排水系統或公共下水道之操作者，應在排入公共排水系統前，依下列規定裝設截留器或分離器：

1.餐廳、旅館之廚房、工廠、機關、學校、俱樂部等類似場所之附設餐廳之水盆及容器落水，應裝設油脂截留器。

2.車輛修理保養場應設油料分離器。

3.營業性洗衣工廠之截留器，應加裝易於拆卸之金屬過濾罩，且罩上孔徑之小邊不得大於12mm。

4.以玻璃為容器之工廠必須裝設截留器以阻止玻璃碎片流入公共排水系統。

5.砂或較重固體之截留器，其封水深度不得小於15cm。

6.截留器應設通氣管。

7.截留器應裝置在易於保養清理之位置。

《建築技術規則》建築設備編第29條給排水管路之配置，應依下列規定：

1.不得影響建築物安全，並不受腐蝕、變形、沉陷、震動或載重之影響，而產生滲漏。

2.埋入地下或構造體內之管路，應有預防腐蝕之措施。

3.不得配置於升降機道內。

4.露明管路應依照國家標準規定，塗漆明顯標誌。

5.自備水源之給水管路，不得與公共給水管路相連接。

6.供飲用之給水管路不得與其他用途管路相連接，其放水口應與各種設備之溢水面保持適當之間距，或裝置逆流防止器。

7.給水管路不得埋設於排水溝內，並應與排水溝保持15cm以上之間隔；與排水溝相交時，應在排水溝之頂上通過。

8.貫穿防火區劃牆之管路，於貫穿處二側各1m範圍之內，應為不燃材料製作之管類。但配置於管道間內者，不在此限。

9.下列設備之出水口，應用間接排水，並應保持5cm以上之空隙：

(1)冰箱、冰櫃、洗滌槽、蒸氣櫃等有關食品飲料貯存或加工之設備。

(2)給水水池及水箱之溢、排水管。

(3)蒸餾器、消毒器等消毒設備。

(4)洗碗機。

(5)安全閥、蒸氣管及溫度超過60℃之熱水管。

10.排水系統應裝存水彎、清潔口、通氣管及截留器或分離器等衛生上必要之設備。

11.未設公共汙水下水道或專用下水道之地區，沖洗式廁所排水及生活雜排水皆應納入汙水處理設施加以處理，汙水處理設施之放流口應高出排水溝經常水面3cm以上。

12.沖洗式廁所排水、生活雜排水之排水管路應與雨水排水管路分別裝設，不得共用。

---

4 室內裝修工程中，空調項目之冷凍噸（RT及USRT）為何？另BTU/h代表為何？並請計算10坪之常態住宅空間如何使用BTU計算。

答 (1)公制冷凍噸（1RT）乃是將1噸（1000公斤）0℃的冰（冰的熔化熱為79.68Kcal/Kg），在24小時內變為0℃的水時所吸收的熱量。即1公制冷凍噸（1RT）＝79.68 Kcal/Kg×1000Kg/24h＝3320Kcal/h。USRT為美制冷凍噸，1USRT＝3024Kcal/h。

(2)BTU/h代表冷凍（氣）能力，即為一臺冷氣機運轉一小時可從室內所能移走的最大熱量，單位為Kcal/h或BTU/h，1Kcal/h＝4BTU/h。

(3)坪數×0.15冷凍噸＝所需冷氣機容量；依題意：

10×0.15×3320＝4980（Kcal/h），4980÷3320＝1.5（RT）。

4980×4＝19920（BTU/h）。

故本題之空間所需冷氣機為19920BTU/h冷凍能力之冷氣機。

5 請問一般空調省電之指標「E.E.R.值」之意義為何？

答 所謂的E.E.R.值就是能源效率比值，EER＝冷房能力÷消耗電力，且E.E.R.值愈高，表示這臺冷氣機愈強冷、省電。

6 何謂空調之「顯熱」、「潛熱」？何謂「冷房負荷」？又冷房負荷之外周區及內周區之意義各為何？

答 1.顯熱：熱能之變化可以用溫度計量出者。
　　潛熱：熱能之變化不能由溫度計量出者。

2.冷房負荷＝外部發生熱＋室內發生熱。

外部發生熱源：(1)傳導熱（屋頂＋地板＋牆壁＋窗戶）
　　　　　　　(2)輻射熱（玻璃窗）
　　　　　　　(3)對流熱（間隙風＋換氣）。

室內發生熱：人體＋照明燈光＋電氣製品＋瓦斯燃燒器具等。

CLn（冷房負荷）＝A×U（其中A：空調之樓地板面積，U：單位樓地板面積之冷房負荷）

3.(1)外周區：自外牆5m內之室內空間，氣密性較差，會有外氣滲入，導致冷房負荷之不平均現象，均加個別之控制系統以調節之。

(2)內周區：5m以內之室內空間，須考慮新鮮外氣之導入及溼氣的問題。

7 問現有一張姓業主，其住宅為公寓式房屋，客廳約為6坪，需安裝多大冷房能力的冷氣機，才夠冷？

答 坪數×0.15冷凍噸＝所需冷氣機容量；依題意：
6×0.15×3320＝2988（Kcal/h），2988×4＝11952（BTU/h）。
故本題客廳所需冷氣機為11952BTU/h冷凍能力之冷氣機即可。

8 何謂USRT？其應用為何，請說明之。

答 USRT為美國冷凍噸，乃係1噸（2000lb）32°F的水在24小時內凝結為32°F的冰所需吸收的熱稱為1USRT或1美制冷凍噸。
其應用主要在計算冷氣機之冷凍能力，1USRT＝3024Kcal/h。

9 試問消防安全設備中之自動灑水設備應包括哪些項目方屬完整？
請詳列說明。

答 自動灑水設備它是藉由火災時產生的熱氣熔解灑水頭之易熔金屬而開放
噴水，同時藉著水的流動而由警報閥自動發出警報信號，故自動灑水設備
應包括灑水管系、灑水頭、水箱及自動警報閥等幾種裝置。
1. 灑水頭
2. 給水配管
3. 自動警報逆止閥
4. 查驗管
5. 水源
6. 自動灑水送水口

10 試述衛生器具設備之存水彎的功能及作用，另請說明存水彎的型
式及適用場所。

答 1. 存水彎（Trap）係一彎管或一封閉室，通常設置於衛生器具與排水橫
管或排水立管間，存水彎經常保持滿水狀態，以避免下水道、排水溝
或化糞池之汙水氣味經排水管、衛生器具上升侵入室內，同時亦防止
害蟲進入，且存水封最底端有一頭可供清理穢物，而其亦不影響排放
水的流動。
2. 存水彎的型式：P型存水彎、S型存水彎、U型存水彎、圓桶型存水彎、
鐘型存水彎、袋型存水彎、槽型存水彎、3/4型存水彎、地板落水。
3. 存水彎水封失敗的原因：
(1)虹吸現象：器具及存水彎組合不良時，器具中水滿排水時，造成水
封將水吸出現象。
(2)吸引作用：排水管與存水彎太近時所造成，立管排水時，與之連接
之橫管會形成一負壓（大氣壓力不平衡狀況）吸出存水彎的水。
(3)噴出作用：上層排水管及下層排水管均為滿水，中間夾有空氣層。
由於上部排出水急速下流，中間空氣層受到擠壓，管內空氣被加壓
到大於大氣壓力時，空氣將往設備器具倒流逃竄，於是空氣在存水
彎內有水受到迴壓作用。
(4)毛細作用：存水彎邊緣有毛髮、棉絮、線等卡住時，會發生毛細現
象將水封存水吸乾。

11 請問何謂「晝光率」？又影響室內照度或晝光率之分布的因素為何？

答 1.晝光率（Daylight factor）：即指室內某點之照度，與室外全天空水平面照度之比例。又可分為直接晝光率與間接晝光率兩種。

$$D＝E/Es＝Dd＋Dr$$

E：室內被照面某點之照度

Es：室外全天空之照度

Dd：直接晝光率

Dr：反射晝光率

2.(1)窗之形狀、配置情形、窗玻璃之透光性、內表面之反射率、反射面之漫射性、空間形狀等。

(2)天窗之採光的效果為側窗之3倍，且可獲得較均勻之照度分布。

(3)縱長窗有利於進深方向的照明，而橫寬窗則有利於面寬方向照明之分布，如欲增加窗面積時，以增加窗上部面積對採光上為最有效。

12 請問何謂「均齊度」？又如何調整白晝光率之分布情形？

答 （一）均齊度（uniformity）：表示室內照度分布狀況的數值，為室內最小光率與最大光率之比值。

$$Au＝Emin/Emax$$

（二）關於側窗光線之採光，一般常發生室內深部晝光率小，而窗邊晝光率大的現象，因此影響均齊度。調整晝光率分布之方法：

1.提高室內深部晝光率之方式：

(1)增高天花板之高度，採用高窗，並增加窗寬。

(2)提高天花板面及牆面之反射率。

(3)採用兩側採光或深部開天窗採光。

(4)採用漫射性或指向性玻璃磚，稜面玻璃，漫射所透過之光線並變更其方向。

(5)使透射光投向天花板，利用其反射光而增高室內深部之晝光率。

2.減小窗邊晝光率之方式：

(1)提高窗臺。

(2)於窗上裝羽板類、遮光庇。

(3)採用指向性或有色之雙層中空玻璃。

13 請問何謂「炫光」？又炫光之種類有哪些？

答 1.炫光（glare）：即採光或照明中，因光源種類或方向，有炫耀刺目之光線產生，致而妨害物體之辨識，並影響工作效率，此種光線稱之。

2.(1)對比炫光：對象物其本身之對比過大時而感炫耀刺目者。如：觀看霓虹燈字，黑白清晰之細花紋時所產生者。

(2)斜照炫光：對某物體觀看時，在視線之近旁有較高亮度之光線出現時，對物體無法辨識者。

(3)反射炫光：金屬面或其他具光澤之面呈圖形正反射而無法看清時，與透過玻璃對飾箱觀看時所發生之炫光相同。

(4)光幕炫光（亦稱表膜炫光）：即眼與對象物中間在視線中所發生之多餘炫光。

(5)順應炫光（亦稱暫時炫光）：由黑暗處所突然來至光明之處所時所產生者。

(6)過照炫光：直接投射於人目之光通量相當大時所產生者。

---

14 請問何謂「照度」、「光度」、「亮度」、「光通量」、「發光度」？又何謂「輝度」？且一般室內採光計畫需注意哪些事項？

答 （一）1.照度：被照面上某點單位面積所受之光通量。以E代表之，單位為lux、lx。

2.光度：亦稱「光強」，表示光源之明亮強度，即每單位立體角之光通量，通常光度以I代表之，單位為燭光（candle）。

3.亮度：某光源面或受光後之反射面，對某方向每單位面積照射之光度，稱之。以B代表之，單位為熙提（stilb，sb）或Nit（nt）。

4.輝度：人眼無法看到照度，但卻可以看到物體之明亮度，稱之。

5.光通量：亦稱「光束」，即單位時間，光的輻射能源量稱之。以F表示之，單位為流明（lumen，lm）。

6.發光度：亦稱「輝度」，光通量發散度；即自某面每單位面積所發散之光通量。以R代表之，單位為radlux，lambert。

（二）1.追求生理的要求條件。

2.考慮室內各作業位置在建築上之要求。

3.注重採光之款式、構造、材料、經濟性、保守性等。

4.注意物理性因素之調整：

(1)尋求最適當之畫光照度。

(2)考量均齊度之問題。

(3)合宜的通風換氣法。

(4)選擇採用正確的採光法。

15 請問何謂「演色性」、「色溫度」、「配光」、「照明率」？又室內設計時，針對照明計畫應考慮之問題為何？

答 （一）1.演色性（colour rendition）：光照射至物體上所產生的物體之色。與繪畫之鑑賞、色物之選擇、檢查等有關，與疲勞、衛生無關。

2.色溫度（colour temperature）：光源常依色溫度表示，光之顏色乃由熱體之輻射而產生，與該光源之溫度有關，即黑體加熱至某一溫度後，則輻射之光具接近該光源之色。因此，可以光源之色與此尺標比較之，可得近似之色溫度，通常以絕對溫度（K）表示。

3.配光（light distribution）：亦稱「光分布」或「燭光分布」，某一方向之光通量所發散之程度，稱之；亦即光源或照明器具在空間內之光度分布狀態。

4.照明率：或稱「利用率」，以U代表之。若抵達作業面之光通量為F0時，則其比率為U＝F1/F0，稱為照明率。

（二）1.照度之分布：作業面上之照度分布須具較高之均齊度。

2.光之漫射度：依作業之種類，選擇適度之漫射度。

3.避免炫光之發生。

4.良好的照明條件：應在質與量方面有所選擇、折衷或並重。

5.光源之選擇。

6.最適當之照度。

7.選用正確之照明方法：照明方法有全面照明、局部照明、全面及局部照明並用、局部全面照明、投光照明（或稱溢光照明）。

8.選用適當之照明方式：照明方式分為直接照明、半直接照明、全面漫射、半間接照明、間接照明。

9.採用建築式照明：

(1)天花板面照明：下向光照明、槽光照明、條光照明、梁光照明、藻井光照明、光頂照明、羽板天花面照明、凹圓光照明、天窗照明、天花面綜合照明。

(2)壁面照明：人工窗照明、壁角照明、花簷照明、簾箱照明。

(3)綜合照明。

16 請問何謂「建築式照明」？請舉出建築式照明之缺點為何？

答 1.將建築與照明融合成一體，建築空間即為一光的材料，建築物的一部分即為光源，具有照明設備之性質，而非裝飾之照明，稱之。

2.(1)建築師與照明工程師協調不良時，會使整個照明設計得到反效果。

(2)往往為了建築材料，忽略了照明設計之要求，反之為了照明，不能達到整個建築空間之意境。

(3)照明效率低：有時為了達到某種效果，可能無法顧及照度的分布或光之漫射度，或在照明之質與量難以權衡，或產生炫光等。

(4)工程費、維護費可能會較高。

(5)清掃較為費時費事。

---

17 請問何謂色彩之三要素？其意義各為何？又顏色的對比有哪些？

答 1.色相、明度、彩度。

2.(1)色相：主要係表示顏色色彩的種類。

(2)明度：表示顏色的明暗程度者。

(3)彩度：即用來表示顏色的鮮明程度。

3.顏色的對比：即二種顏色在相互比較下，會比實際上一個顏色本身，對顏色更具有強調感，此即所謂顏色的對比。

(1)明度對比：將不同明度顏色並列時，能夠很快感受到其明度的差異。

(2)色相對比：將不同色相顏色並列時，會出現類似相互補色之顏色存在。

(3)彩度對比：將同色而不同彩度之顏色並列時，能輕易看出其彩度的相互差別。

(4)補色對比：補色相互並列時，不僅感到彩度增高外，此二色亦顯得更鮮麗。

(5)繼續對比：看到某種顏色後，並將眼睛移出注視他色，會發現第一種顏色與後來的顏色之互補色存在，但是後來的顏色則顯得鮮明些，此種感受稱之。

(6)面積效果：面積愈大時，顏色的明度及彩度，較容易辨別。

---

18 請問何謂「前進色」、「後退色」？何謂「膨脹色」、「收縮色」？何謂「重色」、「輕色」？何謂「色調調和」（顏色調和）？

答 1.前進色：暖色系顏色看起來比實際的距離要近些。

後退色：寒色系顏色看起來比實際距離要遠一些。

2.膨脹色：比實際上看起來要大些的顏色。

收縮色：比實際上看起來要小些的顏色。

3.重色：深暗色具有重之感覺。

輕色：明亮色感覺就輕巧許多。

4.色調調和：又稱顏色調和，若顏色組合後能產生快感的，即稱為調和；而若顏色組合後，感覺不舒服時即稱為不調和。

19 何謂「色彩調節」？其使用目的為何。

答 1.即色彩之科學性應用，可用來增加建築環境的改善。

2.(1)創造明亮感的快適環境。

(2)能減少眼睛的疲勞，增加精神上的安定。

(3)能使作業之效率增強。

(4)能使整理、保護、管理更趨容易。

(5)危險物能以顏色區別之，減少事故發生。

20 請問何謂「音壓」？「共鳴效果」？

答 1.即由於音波的疏密變化，所引起的壓力變化，稱之。

2.同時有二種聲音存在時，非常難以令人聽聞清晰，然而，如果有二種純音以上共同產生，且其頻率相近，二音接近時，會引起共鳴現象，共鳴聲音愈大時，其共鳴效果亦愈大，低音能共鳴高音。

21 請問何謂「噪音」？對於室內噪音的防止對策為何。

答 1.對一個人而言，不喜歡聽的聲音，即為噪音，例如：過大的聲音，持續過久的聲音，或變化激烈的聲音、高音、純音性的音以及不習慣於聽覺的聲音，皆屬之。

2.(1)為防止從室外所侵入的噪音起見，窗、出入口以及壁體必須增加其密閉性，同時對於壁體的材料、構造亦宜採用厚的、重的，具有優越遮音特性，或採用多重壁。

(2)對於在室內產生的噪音，以及已侵入室內的噪音，在天花板上、牆壁上以及地板上的材料及構造物，宜採用吸音效果較大者。

(3)為防止從構造體上傳入的固體震動噪音，宜採用大構架方式、採用厚重壁體、多重壁或者是使壁體內外的構造體絕緣的方式以杜絕之，或使用浮式構造、複式地板均可減低震動噪音之傳送，另外，空調機組或冷卻塔採用防振構造之底板（加彈簧），及配管之衝擊噪音的減低，亦可使用獨立之管道間或將配管包覆吸音材，皆可減低噪音之傳送。

(4)盡可能遠離噪音之發生地，如機房，亦可在機房之內部牆壁黏貼吸音材，以避免壁體之振動傳音；另外，電梯管道及廁所等具有管道間之空間，亦應儘量避免與室內生活居室空間緊密靠攏，如無法避免須考慮使用雙層牆或於壁體上做吸音處理，以降低噪音之音量。

22 請問何謂「餘響時間」、「回聲」、「龍鳴」、「聲音的迴走」（回響）、「音焦點」、「清晰度」？又一般所稱空間之最佳餘響時間為何？

答 1.(1)餘響時間（reverberation time）：設定室內為定常狀態時，發出音響，然後突然將音源截斷，從截斷開始到此音的音強階，降低60dB時，所需要的時間。

(2)回聲（echo）：假如反射者在直接發音後1/20～1/10秒後，再反射回來時，反射的行程距離在17m～34m以上時，就會產生回音的現象，此音響現象稱之。

(3)龍鳴（flutter echo）：假如室內的天花板、地板以及四周的牆壁都是平行，且反射性很強的壁體，就會使發出的聲音，不停的在室內反射回響，進而發出「嗡嗡」聲響的現象稱之。

(4)聲音的迴走（whispering gallery）：假如反射面為一大曲面時，則聲音會沿著曲面緣，不停的反射，而產生類似呢喃私語的聲音，稱之，且此聲音一直到很遠的地方，仍可以聽得很清楚。

(5)音焦點：聲音如果經過比波長還大的凹曲面體反射後，會使聲音集中在某一點上，並使音壓上昇，此點稱為音焦點。

(6)清晰度：一個房間，不管它具有多少的餘響時間、音壓分布、傳送特性或者是噪音，但是當有人說話時，對其他的聽眾而言，正確聽聞度百分之多少，此即所謂清晰度試驗的主要目的。

2.最佳餘響時間（optimum reverberation time）：根據需要的不同，各室要求的餘響時間亦不同。如在以說話為主的教室、演講堂內，其餘響時間是愈短愈好。而以音樂演奏為主的音樂廳，則是餘響時間稍為長些較好。即最清晰時所需之餘響時間稱之。雖是同樣長時間的餘響效果，亦因空間的大小不同，而予人不同的感受，一般說來，同性質的空間，愈大的空間愈需要較久的餘響時間。

23 請問何謂「吸音」？「吸音率」？「吸音力」？「面積效果」？「透過損失」？

答 1.吸音：包括有「吸收」及「透過」二種性質，窗的開放面有100%的透過率，因此可說是有100%的吸音率；雖然有100%的透過率及吸音率，但同時亦可說是表示透過損失的遮音性能是0%。由此可知，「吸音材料」與「遮音材料」是兩種不同的東西。

2.吸音率：即吸音係數，吸音率以（沒被反射音的能量）／（全部入射音的能量）（%）來表示，且此吸音率根據材料的不同以及對材料音波的入射角度的不同，而有變化。一般而言，從各個方向，同時入射的音比垂直入射的音，其吸音率要大些。此外，高音較易吸收，而低音則較難吸收。

3.吸音力：吸音力以（材料吸音率）×（材料的表面積（m²））來表示，例如：有某種材料其吸音率為100%，而面積為Xm²時，則其吸音力為Xm²，其單位以m²表示。

4.面積效果：如果材料的面積很小時，甚至與入射音波的波長相等或小於入射音波的波長時，即會產生回折現象，進而增加其吸音率，因此，相同面積的材料，如果分割成小片時，亦會增加吸音率；亦即對相同數量的吸音材料而言，將其分割成小片分散的設計方式，比將其處理成一個壁體的方式，其吸音的面積效果上要好得多。

5.透過損失：透過壁體的音，一般比投射時的音要弱些，其減弱的程度，即稱為透過損失，通常表示壁體的遮音性效果，大都用其透過損失量來表示，其單位為dB。而從低音到高音的變化裡，其透過損失亦跟著增加，且壁面密度愈大的，其透過損失亦愈大（透過損失量與壁體單位面積的重量之對數成正比例，換言之，其遮音效果，對於像混凝土、磚瓦等較重的壁體，特別有效），至於，多重壁（多層的壁體，而每層單獨存在的）其透過損失量，即等於所有壁的透過損失量的和，且它一定比單獨一個壁體的透過損失量大。

 請問一般的吸音材料，其種類及特性為何？

 1.開孔吸音材料：如：玻璃纖維棉、岩棉、麻棉、木生石棉板等材料，一般這些材料在低音域裡，吸音少，而在高音域裡，吸音大。

(1)材料愈厚，則其吸音愈大（特別是在低音的場合）。

(2)同一厚度的材料中，如果壁體間能充入空氣層，則對低音的場合，有較大的吸音率作用。

(3)如果表面被覆處理材料，使用穿孔板時，而其穿孔板很厚，孔徑很小時，但開孔很多時（開孔率在30%以上時）則對吸音率的效果影響並不大，但是，如果開孔數目減少時，則愈高的音域時，其吸音率反而會減少。

(4)像覆蓋以合成樹脂纖維、皮革或帆布等密閉的場合，使用多孔質堅硬材料時，在高音的音域裡吸音率則顯著的減少，但使用像海綿質等柔軟材料的時候，不管是對低音或所有音階，皆會有很好的吸音特性。

(5)輕質且具有吸音質地的板狀多孔材料，如果在裡邊能充入充分的空氣，則在低音的音域裡，將有很大的吸音效果。

2.表膜會振動的材料：如：合板、硬質板、塑膠纖維板、合成樹脂布等材料，一般而言，前述之質料，對低音的音域，其吸音率小，板愈薄時，其吸音率愈大，還有，用鐵釘釘的，比用漿糊整個黏著的方式，吸音率大，且通常其吸音率的範圍約為200～300Hz。但是材料愈重，且裡面充滿的空氣愈多時，其吸音的效果，則對於低音域愈有利。

3.共鳴材料：如：穿孔金屬板、穿孔合板、穿孔硬質纖維板、穿孔石棉板等材料，對共鳴週波數以外的聲音，其吸音率低，但是，在設計時卻能針對吸音特性，掌握其週波數，使吸音效果得到滿足。

4.其他特殊的吸音工法之材料：如：Helmholtz共鳴器（對特定週波數的吸音器）、哥本哈根肋板（用木製rib覆蓋的吸音材料）。

---

25 請問何謂「換氣次數」？

答 一小時之內，須讓室內的空氣流換，而其流換的次數即稱之為換氣次數。

換氣次數（次/h）＝每小時的換氣量（m³）÷室容積（m³）

---

26 請問何謂室內環境之「快適條件」？何謂「有效溫度」？何謂「修正有效溫度」？

答 1.室內環境，給予人快適的感受程度，乃是建立於四個溫熱的快適條件之下的，即：溫度、溼度、氣流（風速）、周圍牆壁的輻射熱。而前三者之綜合後產生對人體的舒適感受程度，即稱之。

2.有效溫度（Effective Temperature，簡稱E.T.），亦稱「感覺溫度」。所謂有效溫度即為溫度（氣溫）、溼度以及氣流（風速），三要素的總合舒適感受程度，而用相當於一種溫度來表示之表示法，且效溫度通常是以無風時，而溼度100％時的氣溫，來做為說明的標準。至於，最快適的範圍（有效溫度條件）：

(1)夏季之有效溫度：17～22℃，溼度40～60％，風速1m/s以下。

(2)冬季之有效溫度：19～24℃，溼度45～65％，風速1m/s以下。

3.修正有效溫度：有效溫度，用球溫度計來代替表示時，其球的溫度（已加上輻射熱的影響溫度），即稱之。

---

27 請問一般熱由高溫處流向低溫處，則此熱之移動現象可分為哪三種？

答 熱傳導、熱對流、熱輻射。

---

28 請問何謂「熱傳導」？何謂「熱傳遞」？何謂「熱傳透」？何謂「熱流」？

答 1.熱傳導（heat conduction）：即固體內部之熱流動狀態，亦即物體內部之傳熱現象。

2. 熱傳遞（heat transfer）：固體壁與流體間之傳熱狀態，即由傳導、對流、輻射三者所組成之傳熱現象。

3. 熱傳透（heat trans mission）：即熱傳導及熱傳遞之綜合過程，即固體壁所遮斷之兩面流體間之熱流動狀態。

4. 熱流：在固體內，單位時間通過單位面積之熱量，稱之。

29 請問如何利用熱傳導率來製作隔熱與保溫材？

答 利用熱傳導率小的材料，可做為隔熱及保溫材料，尤其是材料中密度比較疏鬆，且空際較大的使用材料，更佳（主要是含有空氣，而空氣為熱的不良導體）；還有利用對熱產生反射的性質，來做隔熱、保溫效果的（稱為反射絕緣法）。例如：鋁箔等材料，即是利用空氣層與反射的作用，進而成為很好的隔熱與保溫材料。另外，由於空氣是熱的不良導體（340m/s），與水比起來，水的熱傳導率（1500m/s）高出許多，所以，如果隔熱材料及保溫材料含有水分時，其保溫和隔熱效果即會減少。

30 請問何謂「熱容量」？何謂「結露現象」？又如何防止結露的方法？

答 1. 熱容量：即質量M，比熱C的物質，若溫度上昇1℃時，所需要的熱量MC，稱之為該物質的熱容量，且其單位以「kcal/℃」表示之。

2. 結露現象：當壁體內外溫度差別很大時，高溫側的空氣如果碰到壁體時，則其熱量會被牆所吸走，進而使空氣溫度下降，此時，如果下降溫度到露點溫度以下時，則空氣中所含的水蒸汽會形成水滴狀並留在壁體緣面上，此即稱之為壁體表面結露。

3. 要防止結露，須不產生水蒸氣，或經常換氣，或使用熱傳導抵抗值大的壁體，而在冬季裡，室內內壁溫度，尤其要防止其溫度降到露點以下，同時，壁的表面材料，最好採用像木材、水泥等容易吸溼性的材料最佳。

31 請問在空調設計上，有所謂的「區域劃分」（Zoning），其意義與內容為何？

答 將整個空調的區域劃分為若干個區域，每個區域都能各自調整之方式，謂之區域劃分（zoning）。一般小規模的建築物，由於費用關係，幾乎無zoning之計畫，不過大規模的建築物即有劃分的必要，區分時，須先考慮下列條件，先劃分區域，再整理各區域之空調方式、空調系統，化繁為簡，以利計畫。

1.以各個房間所在之方向劃分分區。

2.大規模，四面玻璃的建築物，預先區分為內部區域（interior zone）及外部區域（exterior zone）；再分別區分出東、西、南、北各區域。

3.依使用條件分區。

4.依使用時間分區。

5.依房間之規模分區。

 請問一般空調系統的種類有哪些？

答 1.單一空氣管道系統，亦有可變風量方式（VAV）者。

2.雙重空氣管道系統。

3.單位樓層輸送系統。

4.導引個機系統（induction unit system）。

5.風圈個機系統（fan coil unit system）。

6.輻射冷房系統（Panel air system）。

7.箱型個機式（package unit）。

 請問一般室內換氣之方式為何？

答 1.具有供氣機以及排氣機的方式。

2.具有供氣機以及排氣口的方式。

3.具有供氣口以及排氣機的方式。

 請問在給排水設備中，有所謂的「水鎚現象」，其意義為何？又如何防止？

答 1.水鎚現象（water hammer），即給水管中如果將水栓或閥瓣緊急關閉，則裡面流動的水，會在管內各部位產生衝撞，並產生異常的升壓，結果引起水鎚現象，使器具或水管破損。

2.此現象乃係與水管內水流速度有關，因此，若上升水管水流速度在2.0m/s以下，其他配管在1.0m/s以下時，則不會發生水鎚現象。如果水流速度稍大時，配管內宜設空氣室、緩衝閥、特殊球栓（ball tap）等以減小流速。另外，在高層建築，則以每若干層樓裝設一個水槽，或以減壓瓣來調整水壓。

35 請問在給排水設備中,有所謂的「浸蝕現象」,其意義為何?又如何防止?

答 1.水管內之水流速度大,則在管內表層之氧化保護膜漸漸被水流沖削,導致損壞的現象,稱之。

2.只要水管內之水流速度,上升水管水流速度在2m/s以下,其他配管在1m/s以下時,即可避免此一現象。

36 請問在給排水設備中,有所謂的「汙染現象」,其意義為何?又如何防止?

答 1.汙染的原因即為配管與衛生器材裝設上的疏忽,停水的時候,供水管會反過來把汙水吸進來,致受汙染,此種狀態稱之「cross connection」。

2.裝設防逆流器,或水龍頭離開水槽滿水時,水面一段距離,並使水龍頭不與水面接觸到。

37 請問在給排水設施工程中,配管施工後需做「水壓測驗」,其目的及方法為何?

答 1.一般配管完工後,為檢查接合部分及其他部位是否有無漏水,而進行水壓測驗。

2.其標準:滿水後,與主管連接之管道,其水壓應為17.5kg/cm²,而水槽以下的水管,則應保持有10.5kg/cm²的壓力約30分鐘。

38 請問為何建築物須設化糞池?其原理為何?又何謂「BOD」?

答 1.為使汙水及雜排水(廢水)分流,以避免影響生活環境之品質,在設有汙水下水道的地方,為使廁所的汙水得能順利流入水溝,因此,其中間必需設置化糞池。

2.利用微生物(好氣性細菌及惡氣性細菌)的作用,將糞便中的有機物消化、氧化、淨化到對人畜無害狀態,才使之流入下水道或排水溝的裝置,稱為化糞池,其即依第一次處理(沉澱、消化、腐壞)及第二次處理(氧化、濾過)、氧化、消毒的順序處理汙水。

3.BOD是指分解汙物所需之氧化量,汙染程度愈高,BOD亦愈大;其乃為表示淨化槽的性能,或做為決定處理裝置的規模、大小尺度,所使用之量度單位。

39 請問何謂「直流電」？何謂「交流電」？

答 （一）直流電（Direct Current）：

1.直流電之電壓正負電流之方向常為一定。

2.直流電只用於輸電距離＜800km之處所，其優點為：

(1)適於特種變速電動機。

(2)適於需要額外之啟動功率，並經常開動或停止操作之電動機。

(3)充蓄電池。

(4)弧光燈。

（二）交流電（Alternating Current）：

1.交流電為一種電壓大小永在變換，繫於導體之電壓正負關係，由時間之連續變化而逆轉，其電流亦因電壓變化而變換其方向與大小。

2.多用於一般建築物中之電氣設備，若在高壓下輸電，則可節省導線材料，其線路耗費小。

3.配電方式交直流均相同。

---

40 請問在電氣設備計畫中，一般所稱之「相」、「110V單相二線式」、「220V單相二線式」、「110/220V單相三線式」及「120/240V三相四線式」，各為何意義？

答 1.相（Phase）：係指在一交流電路內所建立之個別的電壓數目，或電路內分別的交變組的數目，且交流電路計有單相、兩相、三相等數種供電方式。

2.(1)110V單相二線式：分歧回路及電燈、電器及插座配線用。

(2)220V單相二線式：大型電熱器、單相馬達、X光機、焊接機等。

(3)110/220V單相三線式：由二組110V單相二線式所組成，而中間共用一條，稱為中性線。可供應一般電器及電燈，亦可供應大容量電器。

(4)120/240V三相四線式：負荷在中性線與外線間接電，此方式可供應單相二線式110V、單相三線式110/220V，及三相三線式220V。且使用銅量以此式最小，而三線制之平衡狀況，乃中性線上無任何電流通過，但電燈或電熱器常需接通或切斷，故在其上不免產生電流，故不得於其上裝設熔斷器，自配電盤至燈器或電器永恆暢通不斷。

---

41 請問在電氣設備計畫中，何謂「低壓」？「高壓」？「輸電電壓」？何謂「配電盤」？「分電盤」？「出線匣」？「無熔絲斷路器」？

（一）低壓：交流電600V以下，直流電750V以下。

（二）高壓：交流電600～700V，直流電750～7000V。

（三）輸電電壓：7000V以上。

（四）配電盤：集合每戶配電的過電流保護器的裝置。

（五）分電盤：接續幹線與分歧線路的一種過電流保護器的裝置，可分為露出型、半埋入型、全部埋入型。

（六）出線匣（Outlet Box）：

    1.電線之連接、分歧或照明器具及開關、插座等引出之用，可分單用、雙用或5個之用。

    2.依其外型可分四角型、六角型及八角型，厚1.2mm或1.6mm，其側面及上方有不同門徑之敲口（knock out），以便與各種口徑之電管連接。

（七）無熔絲斷路器（No Fuse Breaker，NFB）：

    1.一般之額定電壓為125V、250V、600V，額定電流為10A～600A。

    2.係一種自動開關，當短路或過電流發生，線路溫度升高時，即能自動跳開使電路遮斷，當電路修復後再銜接，若線路未經修復時，雖予以銜接，因線路溫度之再度升高，則又將自動跳開。

    3.其構造及動作可分為三種：

    (1)熱斷路器（Thermal Breaker）。

    (2)熱磁斷路器（Thermal Magnetic Breaker）。

    (3)全磁斷路器（Fulley Magnetic Breaker）。

42 請問為何一般在電氣配線或使用按裝電器設備時，均需接地？其種類？

答 在電氣配線或使用安裝電器設備時，一定要接地，以防止打雷時感電致而損壞電器設備，甚至釀成火災，或因漏電造成人員遭受電擊之事故發生。一般施行接地者可分三類：

  1.高低壓用電設備，非帶電金屬部分之接地，可簡稱為高壓或低壓之「設備接地」。

  2.屋內線路屬於被接地一線再行接地者，簡稱為「低壓電源系統之接地」。

  3.配電變壓器之二次側低壓線或中性線之接地，簡稱為「低壓電源系統之接地」。

43 請問一般針對電氣設備之檢查驗收項目為何？

答 1.電氣材料是否合於規定。

2.電氣設備裝置之位置是否適當。

3.配線配管方法是否依室內配線規則。

4.電線、電管之規格是否與設計圖相符。

5.電錶、安全裝置是否適當。

6.配線接續是否良好。

7.自動斷路器的容量是否適當。

8.電氣施工是否與設計圖相符。

9.導通試驗。

10.絕緣電阻，耐力試驗。

44 請問有關電氣設備計畫中，何謂「PBX」？何謂「CATV」？

答 （一）PBX（Private Branch Exchange）：

1.建築物內私設交換總機，稱之。

2.新式的按鍵式電話機，可兼有自動電話交換機及內部通話系統之功能，係由按鍵電話機、主裝置、電纜、插頭所構成。

3.主裝置係集合各種自動接續動作之繼電器及電源所組成，內外線之接聽及撥叫皆經過此裝置之自動轉接，而轉送至各電話機。

（二）CATV（Coaxal Cable）（同軸電纜中央系統天線）：

1.構造：天線、增幅器（Booster Amplifier）、混合器（接用110V電源）、分配器、及出線口末端調整器、插座等。

2.選擇中央系統天線之地點宜考量下列因素：

(1)各電視臺訊號強度差別較少的區域。

(2)附近建築物障礙較少之地點。

(3)汽車及其他雜音較少者。

(4)不影響建築物之美觀者。

(5)對屋頂適當地點之選擇。

45 請問建築物之屋頂構造熱性能之相關因素有哪些？

答 1.材料之厚度：厚度大之構造則時滯（time leg）長、振幅衰減率小、熱阻大，室內表面溫度低，隔熱性較佳。

2.屋頂之單位重量：愈大者，時滯長，振幅衰減率小。

3.熱容數：愈大者愈佳。

4.透熱率：為熱阻之倒數，故值愈小，隔熱性佳。

5.總熱阻：值愈大，隔熱性愈佳。

6.溫度振幅衰減率：值愈小，則室內表面溫度低。

7.時滯：愈長愈佳。

8.單位造價：評估經濟性之指標。

9.室內頂表面溫度：評估室內熱環境之指標。

46 請問一般建築物屋頂隔熱構造之設計原則為何？

答 1.減少屋頂表面之日射吸熱，以降低等價溫差。

手法：使用日射吸收率低且淺色系之材料、搭建鐵厝、在屋頂上設灑水裝置。

2.增加屋頂之熱容量，以減少室內溫度之變動。

手法：使用比熱較大或比熱較高之材料。

3.促進天花板內之換氣，以降低天花板表面溫度。

手法：設置通風換氣口，使室內空氣能自然對流而排除熱量。

4.增加構造之熱阻，以減少流入室內之熱量。

手法：使用熱傳係數較小的材料、使用空氣層及高反射、低輻射之鋁箔以阻熱。

47 請問一般建築物給排水及衛生設備管道需設清除口之地方為何？

答 1.彎管處

2.分歧處

3.管徑變大處

4.異管相接處

5.直管部分設清除口間距：管徑100mm以下，每15m以下設一處；管徑125mm以上，則每30m以下設一處。

48 請問有關建築物給排水及衛生設備之通氣管之種類有哪些？

答 1.各個（背部）通氣管

2.回路通氣管

3.通氣立（幹）管

4.伸頂通氣管

5.溼通氣管

6.共同通氣管

7.連結通氣管

8.緩和通氣管

9.通氣橫支管

10.通氣橫頂管

49 請依《屋內線路裝置規則》解釋下列名詞：

答 1.開關：藉人手操作之裝置，隨時用以啟斷、閉合或改變用電線路之連絡者，謂之開關器（Switch），俗稱開關。

2.接戶開關：凡能同時將全部用電線路與電源連接或隔絕之開關，稱之總開關或謂之接戶開關。

3.分路：係指最後一個過電流保護裝置（即分路開關）與導線出線口間之線路。

4.分路開關：凡用以啟閉分路之開關稱之。

5.幹線：凡由總開關或接戶開關接至分路開關之線路稱之。

6.導線：凡用以傳導電流之金屬（電）線（電）纜稱之。

7.安培容量：以安培表示導線或器具載流容量稱之。

8.實心線：由單股裸線所構成之導線稱之，又名單線。

9.絞線：由多股粗細相同之裸線扭絞而成之導線稱之，又名撚線。

10.連接盒：設施木槽板、電纜、金屬管及非金屬管時，用以連接或分歧導線之盒（Box）稱之。

11.出線盒：設施於導線管之末端，用以引出管內導線，以裝設用電器具之盒稱之出線盒（Outlet box）。

12.敷設面：凡用以設施用電線路之建築物面稱之，至於建築物面係指牆壁、地板或天花板等之表面。

13.出線頭：凡屬用電線路之出口處，並可連接用電器具者，稱之出線頭或出線口（Outlet）。

14.金屬管：凡以金屬（如鐵、鋼、銅、鋁及合金等）製成用以包藏導線之管子，稱之。

15.管子接頭：凡用以連接導線管之配件稱之。

16.管子彎頭：彎曲形之管子接頭。

17.明管：顯露設施於建築物外側之導線管稱之。

18.暗管：埋藏設施於建築物內部之導線管稱之。

19.接戶線：凡由屋外配電線路引至用戶進屋點之導線稱之。

20.進屋線：凡由進屋點引至電表或總開關之導線稱之。

21. 單獨接戶線：專用而無分歧之接戶線。

22. 共同接戶線：一端接有「連接接戶線」之接戶線，即此接戶線接有兩戶或兩戶以上之用戶。

23. 連接接戶線：自共同接戶線分歧而出之接戶線（包括簷下線路）。

24. 高壓接戶線：以3300伏特級以上高壓供給之接戶線，亦即高壓用戶之接戶線。

25. 低壓接戶線：以600伏特級以下低壓供給之接戶線，亦即低壓用戶之接戶線。

26. 共同中性線：以兩種不同之電壓或不同之供電方式，共用一條中性線者，則此中性線稱之。

27. 配電箱：具有框架、箱體及門蓋，並裝置電氣設備稱之。

28. 配電盤：具有框架、板面、箱體及門蓋，並裝置電氣設備及機器之落地型者稱之。

29. 斷路器：於額定能力內，電路發生過電流時，能自動切斷該電路，而不致損及其本體之過電流保護器。

30. 分段設備：藉其開啟可使電路與電源隔離之裝置。

31. 馬達開關：以馬力為額定之開關，在額定電壓下，可啟斷具有開關相同額定馬力之電動機之最大過載電流。

32. 管槽：係為容納導線、電纜或匯流排而設計，管槽得為金屬或絕緣物製成。

33. 導線槽：用以容納或保護導線及電纜等，而具有可掀蓋子的管槽稱之。

34. 匯流排槽：用以容納裸露或絕緣匯流排（Bus-Bar）之管槽稱之。

35. 防爆電具：一種密閉之裝置，可忍受其內部所可能存在特殊氣體或蒸氣之爆炸，並可阻止由於內部火花、飛弧或氣體之爆炸而引燃外部周圍之易燃性氣體。

36. 對地電壓：對被接地系統而言，為一線與該電路之接地點或被接地之導線間之電壓稱之。

37. 接地：乃線路或設備與大地或可視為大地之某導電體間，有導電性之連接。

38. 被接地：指被接於大地或被接於可視為大地之導電體者。

39. 被接地導線：系統或電路導線內被接地之導線稱之。

40. 接地線：指連接設備、器具或配線系統至接地極之導線稱之。

41. 多線式電路：指單相三線式、三相三線式及三相四線式電路稱之。

42. 雨線：自屋簷外端線，向建築物之鉛垂面作形成45°夾角之斜面；此斜面與屋簷及建築物外牆三者相圍部分屬雨線內，其他部分為雨線外。

50 依《建築技術規則》給水系統管徑大小之規定，自來水接至各種設備之給水支管，其管徑應以水力分析計算之，但不得小於下列規定：

答

衛生設備	管徑（mm）
浴盆	13
飲水器	10
廚房水盆（家庭用）	13
廚房水盆（公共用）	19
洗面盆	10
淋浴	13
拖布盆	13
小便器（水箱）	13
小便器（沖水閥）	13
大便器（水箱）	10
小便器（沖水閥）	25

51 依《建築技術規則》規定，緊急照明燈之構造，其規定為何？

答 1.白熾燈應為雙重繞燈絲燈泡，其燈座應為瓷製或瓷質同等以上之耐熱絕緣材。
2.日光燈應為瞬時起動型，其燈座應為耐熱絕緣樹脂製成者。
3.水銀燈應為高壓瞬時點燈型，其燈座應為瓷製或瓷質同等以上之耐熱絕緣材料製成者。
4.其他光源具有與本條第一至第三款同等耐熱絕緣性及瞬時點燈特性，並經中央主管電業機關核准者亦得使用。
5.放電燈之安定器，應裝設於耐熱性外箱。

52 依《建築技術規則》之規定，建築物之哪些設備應接至緊急電源？

答 1.火警自動警報設備。
2.緊急廣播設備。
3.地下室排汙水抽水機。

4.電動消防泵或灑水泵。

5.排除因火災而產生濃煙之排煙設備。

6.避難與消防用專用升降機。

7.緊急照明燈。

8.出口標示燈。

9.緊急用電源插座。

53 依《建築技術規則》之規定，貫穿防火區劃牆之管路，於貫穿處二側各一公尺範圍內，應為何種材料製作之管類？

答 不燃材料。

54 依《建築技術規則》之規定，排水系統需設置何種設備以維護衛生與排水系統之順暢？

答 應裝存水彎、清潔口、通氣管及截留器或分離器等衛生上必要之設備。

55 試述火災滅火的方法有哪些？

答 冷卻法、隔離法（移除法）、窒息法、抑制法。

56 試述何謂「燃燒四要素」？

答 係指燃燒反應之四個必要因子：燃料（可燃物）、氧氣（助燃物）、熱能（溫度）、連鎖反應，缺一則燃燒反應無法進行。

57 試述何謂燃燒？

答 由物理現象說明，燃燒必須同時具備下列三種現象：

1.發光現象：燃燒是一種發光現象，指可見的光波發射出來，但僅有發光現象，並非燃燒。

2.發熱現象：燃燒是一個放熱的過程，但僅有發熱現象，並非燃燒。

3.氧化現象：燃燒是一種劇烈的氧化現象，但僅有氧化現象，並非燃燒。

58 試述何謂火災？請說明火災的種類為何？

答 1.火災可依下列判斷基準說明：

(1)違反人類正常用途之燃燒。

(2)違反人類意願之燃燒。

(3)失去人力控制之燃燒。

(4)有向四周無限擴大燃燒的現象。

(5)燃燒面積與經過時間之平方成正比之燃燒。

(6)需動用到滅火工具（設備）或滅火方法之燃燒。

2.火災之種類：

(1)A類（甲類）火災：一般固體火災，如：紙纖維、塑膠等發生之火災。

(2)B類（乙類）火災：可燃性物液體、可燃性物氣體火災，如石油、油漆或可燃性油脂如塗料等發生之火災。

(3)C類（丙類）火災：電氣火災，如：電器、變壓器、電線等引起之火災。

(4)D類（丁類）火災：特殊火災（禁水、分解、接觸反應引起之火災）。

59 試述燃燒的形態有哪些？

答 擴散燃燒（氣體燃燒）、蒸發燃燒（液體燃燒）、分解燃燒（固體燃燒）、表面燃燒（固體燃燒）、其他然燒（如：自身燃燒）。

60 試述依《消防法》規定，警報設備系統為何？

答 1.警報探測器：差動式、定溫式、補償式、離子式局限型、光電式偵煙型。

2.火警自動警報設備。

3.手動報警設備。

4.緊急廣播設備。

5.瓦斯漏氣火警自動警報設備。

61 試述依《消防法》規定，避難設備系統為何？

答 1.標示設備。

2.避難器具：避難梯、避難橋、緩降機、救助袋、滑臺、滑杆、避難繩索。

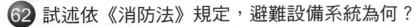

62 試述依《消防法》規定，避難設備系統為何？

答 1.滅火器。
　　2.室內消防栓。
　　3.自動灑水設備。
　　4.灑水頭。
　　5.水霧滅火設備。
　　6.泡沫滅火設備。
　　7.二氧化碳滅火設備。
　　8.乾粉滅火設備。

63 試述依《消防法》規定，消防安全設備為何？

答 1.警報設備。
　　2.避難設備。
　　3.滅火設備。
　　4.排煙設備。
　　5.緊急照明。

64 請問依法規規定給排水系統之管路之配置，其規定及應注意事項為何？

答 1.不得影響建築物安全，並不受腐蝕、變形、沉陷、震動或載重影響，而產生滲漏。
　　2.埋入地下或構造體內之管路，應有預防腐蝕之措失。
　　3.不得配置於升降機道內。
　　4.露明管路應依照國家標準規定，塗漆明顯標誌。
　　5.自備水源之給水管路，不得與公共給水管路相連接。
　　6.供飲用之給水管路不得與其他用途管路相連接，其放水口應與各種設備之溢水面保持適當之間距，或裝置逆流防止器。
　　7.給水管路不得埋設於排水溝內，並應與排水溝保持15cm以上之間隔；與排水溝相交時，應在排水溝之頂上通過。
　　8.貫穿防火區劃牆之管路，於貫穿處二側各一公尺範圍內，應為不燃材料製作之管類。但配置於管道間內者，不在此限。
　　9.下列設備之出水口，應用間接排水，並應保持5cm以上之空隙：
　　　(1)冰箱、冰櫃、洗滌槽、蒸氣櫃等有關食品飲料貯存或加工之設備。
　　　(2)給水水池及水箱之溢、排水管。
　　　(3)蒸餾器、消毒器等消毒設備。

　　(4)洗碗機。

　　(5)安全閥、蒸氣管及溫度超過60℃之熱水管。

10.排水系統應裝存水彎、清潔口、通氣管及截留器或分離器等衛生上必
　　要之設備。

11.未設公共汙水下水道或專用下水道之地區，沖洗式廁所排水及生活雜
　　排水皆應納入汙水處理設施加以處理，汙水處理設施之放流口應高出
　　排水溝經常水面3cm以上。

12.沖洗式廁所排水、生活雜排水之排水管路應與雨水排水管路分別裝
　　設，不得共用。

---

65 請問依法規規定給排水管及通氣管路全部或部分完成後，其管路
試驗為何？

答 1.給水管路全部或部分完成後，應加水壓試驗，且試驗壓力不得小於10kg
/cm²或該管路通水後所承受最高水壓之1.5倍，並應保持60分鐘而無滲
漏現象為合格。

2.排水及通氣管路完成後，應依下列規定加水壓試驗，並應保持60分鐘而
無滲漏現象為合格，且水壓試驗得分層、分段或全部進行：

(1)全部試驗時，除最高開口外，應將所有開口密封，自最高開口灌水
至滿溢為止。

(2)分段試驗時，應將該段內除最高開口外之所有開口密封，並灌水使
該段內管路最高接頭處有3.3m以上之水壓。

(3)分層試驗時，應採用重疊試驗，使管路任一點均能受到3.3m以上之
水壓。

---

66 請問法規中之給排水系統及衛生設備中，所謂之「設備單位」
為何？

答 估算衛生設備排水量之數值稱之。

---

67 請問依法規規定，建築物內排水系統之清潔口，其裝置應注意哪
些事項？

答 1.管徑100mm以下之排水橫管，清潔口間距不得超過15m，管徑125mm以
上者，不得超過30m。

2.排水立管底端及管路轉向角度大於45°處，均應裝設清潔口。

3.隱蔽管路之清潔口應延伸與牆面或地面齊平，或延伸至屋外地面。

4.清潔口不得接裝任何設備或地板落水。

5.清潔口口徑大於75mm（包括75mm）者，其周圍應保留45cm以上之空間，小於75mm者，30cm以上。

6.排水管管徑小於100mm（包括100mm）者，清潔口口徑應與管徑相同。大於100mm時，清潔口口徑不得小於100mm。

7.地面下排水橫管管徑大於300mm時，每45m或管路作90°轉向處，均應設置陰井代替清潔口。

68 請問建築物之何種使用用途空間其排水系統依規定需裝設截留器或分離器？

答 建築物排水中含有油脂、沙粒、易燃物、固體物等有害排水系統或公共下水道之操作者，應在排入公共排水系統前，依下列規定裝設截留器或分離器：

1.餐廳、旅館之廚房、工廠、機關、學校、俱樂部等類似場所之附設餐廳之水盆及容器落水，應裝設油脂截留器。

2.車輛修理保養場應設油料分離器。

3.營業性洗衣工廠之截留器，應加裝易於拆卸之金屬過濾罩，罩上孔徑之小邊不得小於12mm。

4.以玻璃為容器之工廠必須裝設截留器以阻止玻璃碎片流入公共排水系統。

5.砂或較重固體之截留器，其封水深度不得小於15cm。

6.截留器應設通氣管。

7.裝置在易於保養清理之位置。

69 何謂表面結露？何謂內部結露？何謂熱橋現象？試述結露的防止對策為何？

答 1.冬天的室內空氣與隔熱性能較差之外壁（如窗戶之玻璃面）接觸時，其溫度降至露點溫度以下時，即會在室內側表面產生結露，稱為「表面結露」。

2.若結露發生在外壁內部時，則稱為「內部結露」。且產生結露時，會汙損壁面裝修材料，並促進裝修材料之劣化。

3.為壁體中隔熱性能良好的材料，其橫斷面中有熱傳導率大的鋼材等金屬材料時，其內外間因溫度差而產生的熱流，會集中由此部分通過，此現象稱之。

4.(1)盡可能對室內發生之水蒸氣予以排除（如：藉換氣方法排除）。

(2)制止室內壁面溫度之降低。

(3)壁面內部或屋頂擱層做適當之防水層以制止水蒸氣之侵入。

70 請問空氣調節之定義為何？空氣調節之四要素為何？空氣調節之目的為何？試述空氣調節之溫度與風速之計畫為何？

答 1.配合使用目的，處理室內或特定場所內空氣之溫度、溼度、氣流分布及維持室內清淨的空氣品質。

2.(1)溫度（維持適當的溫度值）：

人體舒適健康的溫度環境：夏天25℃～28℃，冬天21℃～23℃。

(2)溼度（維持適當的溼度值）：

人體舒適健康的溼度環境：夏天50％～60％RH，冬天45％～55％RH。

(3)氣流（保持適當的空氣流動）：

人體舒適的氣流風速在0.3m/s以下。

(4)淨化（維持室內清淨的空氣品質）：

讓室內保持無塵埃無惡臭，並以換氣獲取氧氣。

3.(1)適當的溫度、溼度。

(2)安靜的空氣流動。

(3)適當地防止輻射熱。

(4)新鮮、健康、無菌、無臭、無塵埃及無毒而乾淨的空氣。

4.(1)室內應有適當之循環氣流。

(2)不發生擊流。

(3)送風口與排風口間之路徑不宜有短路。

(4)溫度梯度儘量小。

(5)家具不宜放置在可能發生障礙的地位。

(6)居住空間內不宜有停滯部分。

71 試述空調之型式有哪幾種？

答 1.中央式：

(1)全氣式：中央空調箱單風管方式、中央空調箱雙風管方式。

(2)水與空氣並用方式：各層空調箱單風管方式、風管機（F.C.U）並用風管方式、誘導機方式（I.D.U）。

(3)全水式：風管機方式（F.C.U）。

2.冷媒式：箱型冷氣機、分離式冷氣機、窗型冷氣機。（個別式、局部式）

72 解釋下列名詞：

    1.UPS系統：即不斷電電源裝置，由發電機、整流器、變流器及蓄電池所組成之裝置。

    2.斷路器：除負責經常開關電路外，且能在故障之下啟閉巨大的故障電流。

    3.NFB：即無熔絲開關，由開關及跳脫機構所組成，能夠啟斷過載及短路電流。

    4.受電盤：係指高壓、超高壓等受電用戶於接受電力公司供電時，所需之主開關、計器、斷路器等，將其收集裝置在一起之電盤而言。

    5.配電盤：為電氣流通過程中，從受電到各分歧回路之裝置。

    6.分電盤：為各項電力回路及開關組合而成之裝置。

    7.電壓降：由於導體內電阻作用，當電流通過後送電端與受電端之間產生電位差，稱之。

    8.PBX：即用戶專用交換機，電話交換設備上針對電信局經營之電話自營交換設備而言。

    9.CATV：即電視共同接收系統，將電視天線集中處理，同一幢建築物使用同一天線系統，經此天線系統所接收之信號可傳至各用戶。

    10.責任分界點：此點內由用戶負責，此點外由電力公司或自來水公司負責。

    11.系統接地：整個供電系統中性線之接地者。

    12.設備接地：各個使用設備之接地者。

    13.供電電壓：電力公司供電系統在責任分界點處對用戶所提供之電壓。而此電壓乃指某一範圍內之電壓，如係系統電壓為4.8KV者，其供電電壓在4.56～5.08KV之間。

    14.用電電壓：在用電設備端所測得之電壓。

73 解釋下列名詞：

    1.凡而：Valve，亦稱水閥，於配管中控制水流量之開關。

    2.水鎚現象（water hammer）：由於急速開或關水龍頭，而使水流量急速產生壓力變化，所引發之現象。常使水管發出響聲，而閥、接頭等配管零件，容易因此而損壞。

    4.BOD：即生化需氧量，原水存放在20℃環境中，5天內所耗之氧氣量，單位為ppm（百萬分之一），即g/m^3或mg/l表示之。由於原水含有微生物，故耗氧量愈多者表示水質愈髒。

    5.BOD除去率（R）：R＝（排入水之BOD－排出水之BOD）/排入水之BOD×100%

6.SS：代表汙水中含有的浮游物質的量，單位為ppm。

7.SS除去率：為一次處理設備之浮游物質除去率。

SS除去率＝（流入水之SS－放流水之SS）/流入水之SS×100%

參 估價與契約

① 單位及面積換算：

1分＝0.3公分，1寸＝3公分，1尺＝30公分（此尺為臺尺，實際約為30.3公分）

1丈＝10尺，1.8m×1.8m＝3.24m²＝1坪，1m²×0.3025＝1坪

1甲＝2934坪，1甲＝10分，1分＝293.4坪，1公頃＝100m×100m＝10000m²

1才＝30cm×30cm，1坪＝6×6＝36才（面積才）

(1)角材　1寸×1寸×10尺＝1才（體積才）

(2)板材　1寸×1尺×1尺＝1才（體積才）

1石＝100才（體積才）

1碼＝3尺（布、窗簾），1支壁紙可貼1.5坪之面積（牆或天花板）

② 常用之室內裝修工程估價單位：

cm（公分）、m（公尺）、m²（平方公尺）、m³（立方公尺）、坪、式、才、尺、樘、扇、組、片、付、張、套、個、工

③ 天花板工程工料分析：

項次	項目及說明 （以1坪為單位）	單位	工料 最高	數量 普通	最低
1	1×1.2柳安木角材	才	8.66	7.20	7.20
2	二分夾板	片	1.50	1.30	1.20
3	工資	工	0.42	0.40	0.32
4	結合五金3～5%	式	0.05	0.03	0.03
5	搬運費3～5%	式	0.05	0.03	0.03
6	工具損耗3～5%	式	0.05	0.03	0.03
7	利潤10～20%	式	0.30	0.20	0.10

④ 櫥櫃工程工料分析：

項次	項目及說明（2尺以下矮櫃以1尺為單位）	單位	工料最高	數量普通	最低
1	六分木心板	片	0.5	0.37	0.37
2	二分夾板	片	0.14	0.13	0.13
3	1.2寸封邊實木	支	0.78	0.73	0.73
4	1.2寸角材	才	0.95	0.9	0.9
5	外部木皮	才	4.88	4.65	4.65
6	內部木皮	才	17.58	16.75	16.75
7	抽屜牆板	才	2.20	1.1	1.1
8	美耐板	片	0.13	0.07	0.07
9	西德鉸鍊	個	1.5	1	0.5
10	把手	個	0.75	0.5	0.5
11	木工	工	0.5	0.4	0.4
12	油漆工	工	0.4	0.25	0.25
13	五金另件	式	0.03	0.01	0.01
14	搬運	式	0.03	0.01	0.01
15	利潤	%	0.03	0.25	0.10

⑤ **請針對下述條件回答各項室內裝修工程管理問題：**

現有某一建築物，其樓層高295cm，梁下240cm，今依設計圖面資料標示相關說明如下：

（一）主臥室與浴廁之隔間牆為1/2B磚牆，主臥室天花板釘6mm夾板平頂天花板，天花板下淨高為236cm，浴室天花板釘PVC企口板，天花板下淨高為220cm，牆與天花板交接處釘1.5寸×1寸實木線板，主臥室：3.25m×4.75m，浴廁：1.1m×2.35m，且主臥室內有一內凹窗臺：0.6m×2.1m。

（二）浴廁地板及牆面分別舖貼20cm×20cm之防滑地磚及磁磚。

（三）臥室牆面及天花板均以乳膠漆塗裝。

（四）浴廁設備全部更新。

（五）浴廁門改為10mm厚玻璃門片，門框及門檻皆為不銹鋼製。

（六）衣櫥高度平接天花板，門板均作空心門板面貼楓木薄片及楓木飾條，透明漆處理。

（七）臥室地板平鋪象牙木（寬10cm×厚2cm×長度亂尺）無塵企口實木地板。

（八）窗邊加釘窗簾盒，表面貼楓木薄片，透明漆處理，內置窗簾一層布一層紗。

（九）內部家具採用活動式。

問題一：

（一）主臥室與其浴廁整體裝修項目（請分類分項說明之）。

答 可分為下列幾類：
1.裝修類：
　(1)測量放樣
　(2)泥作工程
　(3)木作工程
　(4)塗裝工程
　(5)門窗及玻璃工程
2.設備類：
　(1)衛浴設備、配件及安裝工程
　(2)給排水配管工程
　(3)電器配管線工程
　(4)燈具及安裝
3.裝飾類：
　(1)窗簾製作及安裝
　(2)活動家具
4.雜項：清潔

（二）主臥室與其浴廁施工之先後次序及應注意事項有哪些？

答 施工次序如下：

1.測量放樣

2.水電工程：水電配管線、預埋開關插座接線盒

3.門窗工程：立不銹鋼門框、門檻，門框及門檻內水泥砂漿填實

4.木作工程：釘天花板吊筋及收邊料

5.泥作工程：防水粉刷（防水塗裝）

6.泥作工程：貼牆面磚、貼地面磚、收縫

7.木作工程：衣櫥裁板、組立、窗簾盒製作、封天花平頂面材、釘天花線板、門板製作、貼木薄片及飾條、安裝衣櫥門板及五金

8.木作工程：鋪木地板、防潮PVC布、釘夾板底板、鋪實木地板、釘踢腳板、地板保護

9.塗裝工程：衣櫥染色、底漆、天花打油底、接縫補土、天花底度面漆、牆面底度面漆、踢腳板底度面漆、衣櫥面漆

10.玻璃工程：量門及鏡面尺寸、製作

11.窗簾：量尺寸、製作

12.清潔：清除垃圾

13.水電工程：安裝衛浴設備、銅器配件、地坪落水頭、安裝燈具及開關插座面板

14.玻璃工程：安裝強化玻璃門及鏡面、打Silicone

15.窗簾：安裝軌道、裝窗簾及紗簾

16.活動家具：搬運進場

17.清潔：細部清潔

應注意事項為：

1.設計圖說與現場尺寸測量放樣檢核

2.各細部尺寸及位置

3.泥水磁磚完成面高度及實木地板完成面之高度

4.天花平頂高度及衣櫥高度

5.施工次序為：先溼式工作後乾式工作、由上而下、由內而外

6.各前一工程完成與後一工程之銜接界面

7.設計選用建材、設備之尺寸規格色樣品級檢核

（三）請說明浴廁牆面（天花板下），及地面防水層如何施作及其標準尺度為何？

答 防水層之施作：

1. 可用防水粉刷或防水塗裝方式以達防止水氣外漏的效果
2. 防水粉刷為在1：2水泥砂漿中摻入適當比例之防水劑作為牆面及地面貼磁磚之底層
3. 防水塗裝則以防水型塗料塗布於牆面及地面
4. 其施作之尺度一般以高過給水管線之最高高度10cm為宜
5. 特殊情形為防水蒸氣滲漏也有全室六面塗布

問題二：

（一）浴廁磁磚舖貼工程（牆面天花板下），有多少坪？20cm×20cm防滑地磚及磁磚，各需多少塊？

答 地面防滑磁磚：

$1 \times 2.35 = 2.585$（m^2）

$585 \times 0.3025 = 0.78$（坪）或$2.585 \div 3.24 = 0.79$（坪）

$0.78 \times 1.05 = 0.82$（坪）（加計耗損料）Ans：0.82坪

牆面磁磚：

$(1.1 + 2.35) \times 2 \times 2.2 = 15.18$（$m^2$）

$15.18 \times 0.3025 = 4.59$（坪）或$15.18 \div 3.24 = 4.68$（坪）

Ans：4.59坪或4.68坪

20cm×20cm磁磚每坪用量：

$3.24 \div 0.0441 = 74$（片）（每坪約需20cm×20cm地磚之片數）

$0.82 \times 74 = 61$（片）

Ans：61片

$4.59 \times 74 = 340$（片）或$4.68 \times 74 = 347$（片）

Ans：340片或347片

【註】：坪數之計算：$1.8m \times 1.8m = 3.24m^2$（亦有以$3.3m^2$計算者）磁磚因每片間會有勾縫，故20cm×20cm在施工時以21cm×21cm計算，係由於加計1cm的勾縫所致。另外，坪數亦有以$Xm^2 \times 0.3025$直接換算成坪數者，故只要在接近標準答案範圍內之數據應都是可接受之答案，但先決條件即為需列出計算式以供評卷委員檢核參考，才不致全軍覆沒。

（二）主臥室及浴廁天花板各有多少坪？

答 主臥室天花板：
$3.25 \times 4.75 - 0.6 \times 2.1 = 14.1775$（$m^2$）
$14.1775 \times 0.3025 = 4.29$（坪）
Ans：4.29坪

浴廁天花板：
$1.1 \times 2.35 = 2.585$（m^2）
$2.585 \times 0.3025 = 0.78$（坪）
Ans：0.78坪

（三）主臥室牆面及天花板油漆塗裝數量，共有多少坪？

答 主臥室牆面油漆：
$(3.25 + 4.75) \times 2 \times 2.36 - 2.1 \times 2.36 = 32.8$（$m^2$）
$32.8 \times 0.3025 = 9.92$（坪）
Ans：9.92坪

主臥室天花板油漆：
$3.25 \times 4.75 - 0.6 \times 2.1 = 14.1775$（$m^2$）
$14.1775 \times 0.3025 = 4.29$（坪）
Ans：4.29坪

（四）主臥室平舖木質地板實際使用坪數及3尺×6尺防潮夾板完整片數？

答 主臥室舖實木地板：
$3.25 \times 4.75 - 0.6 \times 2.1 = 14.1775$（$m^2$）
$14.1775 \times 0.3025 = 4.29$
$4.29 \times 1.05 = 4.5$（坪）（加計施工耗損料）
Ans：4.5坪

3尺×6尺防潮夾板每坪用量：
1坪≒180cm×180cm，1尺≒30cm
180（即6尺）÷90（即3尺）＝2
180（即6尺）÷180（即6尺）＝1
$2 \times 1 = 2$（片）亦可以 $(6 \div 3) \times (6 \div 6) = 2$（片）
$4.5 \times 2 = 9$（片）
Ans：9片

6 請問一般室內裝修工成之綜合施工計畫書，其內容為何？

答 1.適用範圍：契約所定之工程範圍及除外之工程。

2.依據事項：室內裝修設計圖說、材料或設備規格說明書、施工規範或說明書、法規之規範及要求，以及其他規定事項。

3.工程概要：建築物的大小、結構與構造、室內裝修概要、使用用途、座落、工地範圍、工期等。

4.工程關係人：業主、監造人、施工者。

5.施工方針：依施工計畫圖、工程進度表及其他各種計畫圖表，對全部工程及主要工程項目所做的說明。

6.施工管理體制：現場施工人員的編制及所負責之工程、安全管理組織及安全活動、技術管理之流程及其他事項。

7.其他有關室內裝修工程全盤之施工與勞工安全衛生管理事項。

---

7 請問一般針對室內裝修工程之各項分包工程之施工計畫書，其內容為何？

答 1.適用範圍：該計畫書之施工對象範圍。

2.依據事項：室內設計圖說中有關該裝修工程部分、施工說明書、施工圖說及規範、材料設備規格、法規要求及其他參考資料等。

3.工程概要：裝修工程範圍、施工數量及施工法等。

4.使用之材料：相關工程材料之種類、品質及數量等。

5.基於施工計畫圖之說明、假設工程、放樣、工程機具等內容：包括每種假設設施之用途、規模、結構，每種工程機具之用途、種類、規模等。

6.施工法及工期：根據施工過程及施工法計畫圖而做的說明，根據工程進度表對施工日程及作業順序所做的說明。

7.工程管理：於製作、製造及施工過程中，對施工技術管理點、檢查方法及判定方法做一說明，並包括現場施工人員以及包工之管理、組織。

8.勞工安全衛生管理：包括有安全衛生管理點、安全衛生管理組織、安全防護設施及安全活動等。

9.記錄、報告：各項相關資料之收集事項、報告事項及其內容等。

---

8 試述室內裝修工程中，說明監工之功能為何？

答 1.監工可分為業主（或發包人）委任監工、工程專任監工及單項工種工務監工。

2.監工之功能：依進度施工、程序施工、依圖施工、成本之控制、塑造良好施工環境及監督施工人員、管理工地安全，協調、解釋有關疑問等。

9 試述室內裝修工程中，說明監工之工作內容為何？

答 1.發包。

2.熟讀合約、熟讀及解釋或傳達施工圖說及規範。

3.材料數量之估算。

4.工程進度表之繪製、檢討施工進度及提出落後改善計畫。

5.工程日（週）報表之填寫。

6.各期工程請款及各工種之計價。

7.敦親睦鄰及配合處理主管機關人員之查核督導。

8.擔任各工種溝通之橋梁。

9.施工品質及人員、材料進出之管理。

10.管理工地安全、清潔及緊急狀況之妥善處理。

11.零星物品之採購。

12.辦理工程之驗收。

10 試述影響室內裝修業者利潤盈虧之最重要因素有哪些？

答 業主、勞工安全、工地環保、工地保險、材料成本、工資、工程進度之管控、天候。

11 試述工程進度表之表示方式之種類、內容及優缺點為何？

答 1.甘特圖（Gantt Chart，直線圖）：

優點：(1)進行狀況清楚。

(2)圖形製作容易，初學者較易接受。

缺點：(1)工期無法明確表示。

(2)僅知各項作業完成百分比。

(3)重點管理作業，無法明確表示。

(4)各項作業之先行與後續之關係，無法在甘特圖上明示。

2.網狀圖（Network Chart，要徑法）：

優點：(1)為工程進度控制之重要工具之一。

(2)作業前後之施工順序不僅呈現，且具體表現出作業間之關係。

缺點：較適合大規模工程之管理及應用。

肆 材料與施工

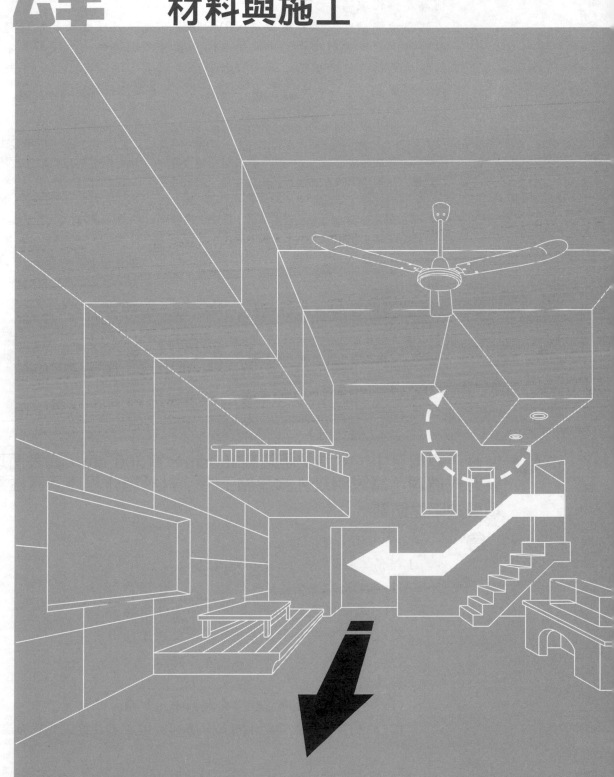

試分別說明應用在室內裝修工程材料中之「膠合安全玻璃」與「強化玻璃」的製造用途及特性。

答 1.工廠直接生產出來的玻璃稱為平板玻璃，再經過高溫強化其硬度的玻璃稱為「強化玻璃」。

2.「膠合玻璃」即以二片玻璃夾入PVB膠膜而成，且欲膠合的玻璃種類可以自行選擇，破裂後由於中間所夾的膠膜發揮固著作用，使碎片不易散落，故俗稱「安全玻璃」或「膠合安全玻璃」，適合有小孩的家庭。

	強化玻璃	膠合安全玻璃
製法	將平板玻璃加熱至軟化點時迅速而均勻地冷卻，使其表面增大其壓縮應力，其強度將為一般平板玻璃的6～8倍，且其耐衝擊強度為一般玻璃的7～8倍，抗彎強度為一般玻璃之4～5倍，不能從事切割處理及加工，因此，尺寸於製造時必須確定下來，撞擊玻璃會粉碎為小顆粒般大小不尖銳之碎片。	以2片或2片以上之平板玻璃，中間夾以柔軟、強韌之透明膠膜（PVB）膠合而成，且玻璃一旦破碎，則碎片將黏附膠膜不易分散。
用途	汽車車窗、商業空間櫥窗、自動門片、建物門窗等。	汽車車窗、防彈玻璃、銀行櫃檯、建物門窗及隔間、室內裝修之桌面及檯面等。
特性	1.耐衝擊力大 2.破裂時成顆粒狀，不易傷人 3.製成品後，無法切割、鑽孔	1.破裂時，因中間夾有膠膜，故不會傷人 2.切割時，需雙面切割，故有防盜作用

2 裝修工程項目中，木造夾板牆高300cm×寬600 cm，其表面以塗裝方式處理，請說明以乳膠漆施工時，對於施作程序及應注意事項與缺陷之防範。

答 （一）乳膠漆作業程序：

1.準備工程：

(1)受漆面需完全乾燥。

(2)受漆面需完全乾淨，不可有油漬汙染物。

(3)受漆面需完全平整，若有不平整須先補平。

(4)若有龜裂痕跡經認可後，方可試用。

2.施工前處理：

(1)木作板面的接縫處理：需經批土、研磨、修補等步驟。

(2)上底漆：刷底漆後再批土、修補、研磨，最後上乳膠面漆。

（二）注意事項：

　　　1.上漆前須修補釘孔、接縫、裂縫。

　　　2.批土後再研磨平整。

（三）預防缺陷：

　　　1.漆料調配足夠，避免二次調色產生色差，可用兔毛刷，使塗面細緻。

　　　2.確實落實批土、修補，避免日後龜裂。

---

3 試說明室內裝修工程中之矽酸鈣板及石膏板的材料特性。

答 1.矽酸鈣板的特性：係為以矽酸、石灰為主要成分的無機質防火建材，在1000℃的高溫之下，仍具有極佳的耐火性能。其具有：

(1)防火性、隔音性、隔熱性佳。

(2)具抗火耐燃、抗壓耐撞、抗潮耐候等強效功能。

(3)重量輕、耐震度極佳，適合於超高層建築等牆體。

(4)可切鋸、可擊釘吊掛，不會蛀蟲腐蝕可久使用。

(5)可表面塗漆、貼壁紙、及吊掛廚具衛浴設備等。

(6)撓度大、不易斷裂，搬運方便。

2.石膏板依CNS（中國國家標準）4458之定義為以石膏為主要原料作為心材，並以石膏板專用原紙被覆心材兩面及長度方向側面之板。石膏板之特性如下：

(1)防火：石膏板受火燃燒時，因其結晶水的釋放達到防火的效果。

(2)隔音：石膏板具有良好的隔音性，故被廣泛使用於要求安靜的建物之中。

(3)防震：石膏板隔間牆有效減輕結構物之靜載重，配合其為柔性設計，使能達到建物防震設計之要求。

(4)經濟方便：石膏板牆施工快速，工地易維持清潔管線配置容易、造價合理。

---

4 試說明防火門窗包含哪些組件，以及常時關閉式及常時開放式防火門之規定有哪些。

答 防火門窗係指防火門及防火窗，其組件包括門窗扇、門窗樘、開關五金、嵌裝玻璃、通風百葉等配件或構材；其構造應依下列規定：

　　1.防火門窗周邊15cm範圍內之牆壁應以不燃材料建造。

　　2.防火門之門扇寬度應在75cm以上，高度應在180cm以上。

3.常時關閉式之防火門應依下列規定：

　(1)免用鑰匙即可開啟，並應裝設經開啟後可自行關閉之裝置。

　(2)單一門扇面積不得超過3m²。

　(3)不得裝設門止。

　(4)門扇或門樘上應標示常時關閉式防火門等文字。

4.常時開放式之防火門應依下列規定：

　(1)可隨時關閉，並應裝設利用煙感應器連動或其他方法控制之自動關閉裝置，使能於火災發生時自動關閉。

　(2)關閉後免用鑰匙即可開啟，並應裝設經開啟後可自行關閉之裝置。

　(3)採用防火捲門者，應附設門扇寬度在75cm以上，高度在180cm以上之防火門。

5.防火門應朝避難方向開啟，但供住宅使用及宿舍寢室、旅館客房、醫院病房等連接走廊者，不在此限。

5 試問室內裝修工程人員對於裝修工程中之水泥牆面刷油性水泥漆，在品質管制作業及施工安全方面應注意事項。

答 1.切忌將溶劑傾倒入排水管、汙水管。

2.清洗毛刷或盛裝器皿注意沉澱物堵塞。

3.易燃性調薄劑要隔離置放陰暗處。

4.嚴禁煙火、遠離電線接線。

5.地面遮布或加墊置物以防止油漬滲透汙染。

6.收工時以溼布或報紙將毛刷包妥浸置於水桶中隔日再用。

7.油漆層面結蓋或起塊要用細網過濾。

8.油漆調製時寧多勿少。

9.淺色暖色底層處理一定要好。

10.刷漆時要先直後平、重壓輕提。

6 在裝修工程中以水泥為主要材料之墁灰工程將其種類依常用拌合成分比例列出說明，並概述其施作之特性。

答 一般水泥砂漿之拌合配比有，1：2、1：3、1：4三種。

水泥砂漿粉刷是以一底二度為標準，材料是以容積作配比：

材料	底層	中層	面層
水泥	1	1	1
砂	3	2-3	2-3

另亦有民間建築將水泥砂漿粉刷以一底一度；即以1：3打底厚9mm，經刮糙後，仍以1：3粉面層厚6mm。

7 室內裝修工程項目之木器染色（Stain）處理時，著色劑須具備之條件為何？請列舉出二種不同之表面透明塗裝方式、材料名稱及材料特性（不同可溶性色素著色劑之特性）。

答 1.條件：
(1)耐光性良好
(2)透明度高
(3)作業性良好
(4)著色性良好，不生色斑
(5)不會造成著色不均
(6)不影響上塗塗料之硬化及塗膜性質

2.種類：

種類	溶劑	優點	缺點	用法
水性著色劑	水	易配色使用簡便 價廉 不燃性 耐光性優 不滲出顏色	易使木材潮溼膨脹起毛 易褪色 不易滲入木材 不易乾	噴塗 刷塗 浸塗
油性著色劑	礦油精 塗料用 香蕉水	易滲入木材並膠合木材纖維 可染成有深度之顏料 不起毛膨脹 不易褪色 不影響木紋之顯露	乾燥較慢 價格較高 會因後塗之塗料中溶劑而溶解發生滲色、附著不良 耐光性差	噴塗 刷塗
酒精性（醇系列）著色劑	甲醇 乙醇	滲透性良好 乾燥快 顏色鮮麗 不影響木紋之顯露	多少會起毛 價格高 易起色斑 耐光性差 刷塗難	噴塗

種類	溶劑	優點	缺點	用法
不起毛著色劑	乙二醇 二甘醇一乙基醚 2-2氧基乙醇 溶纖酒精	不膨潤材面 不起毛 滲透性良好 乾燥快 不滲出	不適於刷塗 價格高昂 塗上塗料有時會變色 不宜用刷塗	噴塗
化學性著色劑	水	無滲出、剝離、褪色 色彩雅觀 價格低廉	材質不同顯色亦不同 不易顯出目標顏色 使材面粗糙 不能顯出鮮明顏色 易損壞用具	刷塗

8 室內裝修工程項目中之石材用途可分為哪幾類，請各列舉一種以上常用之石材名稱及特性。

答 （一）石材依用途可分為三類：

1.結構用：花崗石、安山岩、硬質砂岩

- 花崗石：是地殼中最常見的深層岩。主要成分是雲母、石英及長石。花崗石含豐富的石英和長石粗粒或中粒侵入岩，其紋彩及色澤鮮艷，岩性強烈剛硬。

2.骨材用：石灰岩、頁岩、安山岩、玄武岩、石英岩

- 石灰岩：大部分是以動植物之石灰質堆積而成，主要成分為碳酸鈣（$CaCO_3$），為水泥製造業之重要原料。

- 石英岩：由砂岩變質而成，質硬堅美，抗壓強度高、耐高溫、耐久性佳，碎塊多為鐵路道渣用，為混凝土骨材之優良材料。

3.裝飾用：花崗石、大理石

- 大理石：由石灰岩及白雲石變質結晶而成。色彩種類繁多，產地遍布全世界，形式與色彩美觀、容易加工，但耐火性差、易風化，因此僅適合室內裝飾使用。

（二）裝飾用：目前的室內空間裝修，大多為已蓋好的新成屋，因此不宜太過變動隔間及次要結構，且此類表面結構多於機能結構，故以貼薄石片為宜。

骨材用：舊屋改修，多以格局不佳要求整修為主，故可改變部分結構系統（唯仍須經結構技師或開業建築師審視或提出結構補強措施方可），除貼薄片外亦可用砌石代替次要結構，或甚至與其他次要結構系統配合使用。

結構用：建築物尚未興建，在建築設計時即作內部設計工作，因此可將石材運用於設計中，使石砌材變成結構系統之一。

又一般光面（亮面）石材多用於地面、壁面、電梯間、騎樓、外牆面、室內空間及茶几、桌面或檯面、包柱、餐桌面等。至於一般粗糙面（燒面）石材則多用於須止滑或防滑之路面、步道、地面，外牆面、壁面、包柱、壁爐、花臺、室內庭園及室內背景牆面。

1.大理石系列

(1)白雲石：一般白中帶黑線。

(2)蛇紋石：綠色大理石，其性質：硬度3.5°，色差大，產於臺灣東部，缺點是品質較不穩定，有色差、紋理差大、易變色，此類石材國產量豐富，價格不貴，廣為一般客戶使用。

2.化石系列

(1)象牙石：細白螺結晶化石、白色、硬度4°，品質穩定、不易變色、不受天候影響。

(2)米黃石：貝殼結晶為主體的化石，擠壓成型，共有六種顏色：真珠米黃、淺米黃、深米黃、芝麻米黃等。其缺點為天然紋路較多、易脆、硬度不高，且此類石材常取代大理石系列，成為較高級之國產石材。

3.花崗石系列

(1)花崗石：臺灣產量少且色澤不佳，有賴進口（約95％），硬度高，進口者依色澤可分為黑鵝絨石、蘭花豹石、羅丹紅石、象牙白石。

(2)觀音石：一般作為墓碑，又名墓碑石，硬度高，又叫灰石片，可作圍牆及庭園地面。

4.玉石

玉石較脆，玻璃質較多，故只能用作浴室檯面或櫃檯，硬度不高，但表面色澤半透明，十分美觀。且目前進口的有黃玉石（米色中帶黃色）、青玉石（米色中帶青綠色），依紋路色澤分為高級品、次級品。

5.石英石

為矽土和石英顆粒組成，表面凹凸不平、色差小、硬度高（8°～9°），主要產地在北歐，用於地面或牆面。

6.雲母石

亦稱夢幻石，由北歐絹雲母劈成，有帶金色、銀色二種，表面呈凹凸感。

7.其他進口有下列幾種較為常用：

(1)木紋石：表面為淺灰咖啡色，中有木紋狀。

(2)洞石：面有蜂巢般小洞，故使用上要用水泥及色粉補洞，硬度較不足，易磨損、不易清潔保養，尤其鋪地面保固十分困難，故不可用於外牆及地面。

（3）紅寶石：帶紅色（有大花、細花二種），上級品黑色部分少、玻璃質高、亮度高。

（4）藍寶石：帶藍石。

8.室內裝修常用石材種類有花崗石、大理石、人造石厚材、人造石薄板、人造花崗石。

（1）花崗石：外牆溼式施工、外牆乾式施工、內牆石材施工、地板舖石施工。

（2）大理石：內牆帶狀溼式施工、內牆乾式施工、內牆溼式施工、地板舖石施工、拱形石、倒吊石施工、頂端蓋石、面板施工、石材預鑄混凝土。

（3）人造石厚材：內牆人造石厚材施工、地板舖石施工。

（4）人造石薄板：地板舖石。

（5）人造花崗石：外牆溼式施工、外牆乾式施工、內牆石材施工、地板舖石施工、拱形石、倒吊石施工、頂端蓋石、齊臺施工。

9 試以施工剖面大樣圖（S：1/5）說明磁磚地磚之「軟底」與「硬底」舖貼施工方式及工法特性與優缺點。

答 磁磚地坪中之「硬底」與「軟底」剖面圖：

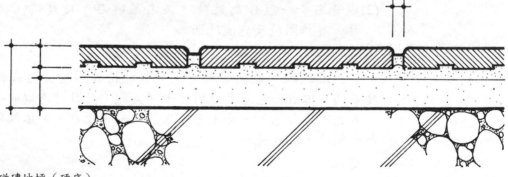

磁磚地坪（硬底）

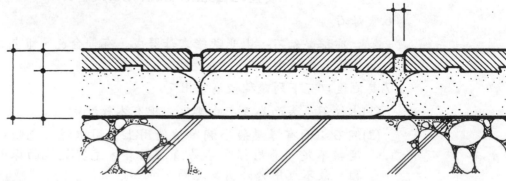

磁磚地坪（軟底）

1. 軟底（溼式）：此法係於混凝土素面上澆水溼潤，再粉刷以水泥砂漿面層，鋪貼磁磚時，每片磁磚以鏝刀敲打壓貼，並用水線隨時校正以保持接縫寬距及接縫之平直，俟水泥砂漿硬化後，再作勾縫處理及保養。

2. 軟底（乾式）：此法用於才積較大磁磚之鋪設，由於溼式鋪設之砂漿漿體較軟不易承受重量較大之磁磚，故須採用乾式施工法。此法係將水泥與砂加入少量水乾拌成溼潤之砂體狀，鋪設於潤溼之混凝土表面上，經拍打整平，並以水線調整其水平或坡度，然後粉刷貼面水泥漿並鋪設磁磚，以木鏝刀敲打（使貼面水泥漿湧出勾縫之程度）壓貼，同時以水線調整其水平，俟硬化後再施以勾縫處理，隔日數撒鋸屑擦拭去汙並加保養。

3. 硬底：此法係於混凝土素面先予清理溼潤後，再粉刷一層1：3之水泥砂漿整平層，整平層需以水線或水泥砂漿糰校正水平坡度，俟硬化後，於其上粉刷一層水泥砂漿加海菜粉隨即鋪設磁磚，俟硬化後再作勾縫並清除表面汙垢。

	磁磚軟底鋪貼	磁磚硬底鋪貼
施工方式	1. 於混凝土素面澆水潤溼。 2. 以1：3水泥砂漿打底並直接鋪貼磁磚。 3. 鋪貼磁磚時以鏝刀輕壓、輕敲調整磁磚位置，並隨時以水線校正之。 4. 待水泥砂漿硬化後，勾縫處理、表面清除、保養。	1. 於混凝土結構體予以清理整平後溼潤之。 2. 粉刷一層1：3水泥砂漿整平層，以水線校正其水平坡度後，待硬化。 3. 將海菜粉水泥砂漿塗布於整平層上，並進行磁磚鋪貼。 4. 硬化後，勾縫處理並清理表面及保養。
優點	1. 鋪面平整。 2. 鋪貼後，耐水性高，不易脫落。	1. 鋪貼速度快。 2. 不須技術良好之技術工。 3. 磁磚之黏貼較無空隙，不易產生白華現象。
缺點	1. 不適於牆面鋪貼。 2. 須有良好之技術施工。 3. 於寒帶地區施工，冬天易使砂漿背面結冰因而造成隆起現象。 4. 易發生白華現象。	1. 打底若不平整，施工易產生高低差。 2. 鋪貼磁磚時間若太長，易產生日後磁磚脫落之施工不良情形。

10 請問一般在木器塗裝工程作業中，常發生塗裝缺陷情形；其中「白化現象」頗易發生，請依其「現象」、「原因」及如何防止發生的「對策」及「處置」方式作一簡要說明。

答 1.現象1：高溼度時溼氣在塗膜凝縮，塗面產生乳白色霧狀不透明現象。
現象2：塗膜含有水分或其他液體而塗膜顏色比原來顏色較淡白。

2.原因：

(1)多溼空氣

(2)溶劑中水分多

(3)塗裝器具附著水分

(4)噴塗用空氣有水分

(5)被塗材之高含水率

(6)被塗材溫比室溫低

(7)溶劑組成不良，於低溫時析出樹脂

(8)低沸點溶劑多，蒸發過速

3.對策：

(1)除溼或升溫以降低相對溼度

(2)使用好溶劑，注意開罐後之保管

(3)塗裝器具之乾燥

(4)由除水閥，減壓閥除水，特別是在下雨天，空氣壓縮機很容易積水

(5)含水率15%以下之乾燥

(6)預熱被塗材

(7)使用專用稀釋劑，酌量添加5～10%之防白稀釋劑

(8)添加蒸發慢之溶劑

11 請問一般室內塗裝工程作業中常發生塗裝不良之缺陷；其中「白化」現象頗易發生，請依「現象」「原因」及如何防止發生的「對策」及事後「處置」方式作一說明。

答 1.白化現象乃因塗料溶劑急速揮發，而將空氣中之溼氣凝結混入塗膜表層所致。且塗裝作業時，避免在寒冷環境作業，並提高作業室內之溫度，使溼氣能向外擴散，並可以使用高沸點溶劑噴塗補救。

2.白化：塗裝工程施作不良產生的問題，可分為兩種：(1)白化（blushing）；(2)粉化（chalking）；一般白化通指第一種。

	白化（blushing）	粉化（chalking）
現象	塗膜含有水分或其他液體而塗膜顏色較原來顏色淡（淺），塗膜呈白霧現象，這種現象在氣溫較高及多溼的氣候極易產生。溼潤的塗膜因溼氣凝結浸透而發生，經由噴槍噴出冷氣及稀釋液的蒸發，致使漆面溫度比周圍大氣溫度低，結果在較低溫度漆面上凝結了空氣中的溼氣。	塗膜經過很長的時間，表面呈現一薄層粉狀物，用手擦拭表層塗膜呈現粉狀，無附著力而掉落，嚴重時會產生剝落現象。
原因	1.稀釋液沸點太低，揮發太快或含水量過多。 2.被塗物、容器、毛刷有水分。 3.噴塗用壓縮空氣含有水分。 4.空氣高溫高溼（低溫高溼亦會）RH（相對溼度）≧80以上。 5.工作物體溫度變化太過劇烈（由常溫移至高溫）。 6.塗膜沾水。 7.噴塗時空氣壓力過高。	1.樹脂、顏料不適用於戶外，使用成分不佳。 2.受紫外線照射而粉化。 3.環境天候影響其附著力。
預防方法	1.稀釋需適當，含水百分比不可太高。 2.器具應乾燥之，不可含有水分。 3.每天應放水，排除水分由氣筒轉氣器管放氣迴轉3分鐘以上。	1.選擇品質良好的塗料。 2.在塗料中加入紫外線吸收劑，加強對日光紫外線的抵抗性。 3.在塗膜完全乾燥前需加以養護（保養維護）。
預防方法	4.降低溫度，避免在高溫塗裝作業，使用緩乾稀釋液（防發白水）。 5.將調好的塗裝放置10～15分鐘或可徐徐加熱至定溫。 6.塗裝作業時應特別注意水的分散及飛濺，調整塗裝壓力，勿使空氣壓力太高。 7.勿使用噴槍吹塗膜乾燥表面，加速漆膜乾燥（漆膜表面乾燥，會影響使內層之溶劑不易蒸發）。 8.以紅外線促進漆膜乾燥可防止白化。	4.依塗料廠商說明添加添加劑，避免為了增加塗料硬度、光澤及加速乾燥自行添加添加劑。 5.依據說明書，正確稀釋塗料，並以正確膜厚塗布。 6.避免使用強鹼性肥皂及強烈清潔劑清洗塗膜。 7.避免塗膜曝露太陽光或露水下。
塗膜處置	1.發現白化現象立即停止噴塗然後再修正。 2.輕度的白化時，加熱至35℃～50℃來乾燥。 3.強度白化則將塗膜磨去重新塗裝。	1.充分研磨後重新塗裝。 2.嚴重剝落發生時需將塗膜完全去除自行塗裝。

肆 材料與施工

12 試問室內裝修工程項目中之非防火區劃牆之居室用木門片，做不透明表面塗裝處理請舉出兩種不同方式？材料名稱及材料特性。

答 1.硝化棉拉卡系塗料：水性著色劑、油溶性著色劑、酒精式著色劑。
2.酸硬化型氨基醇酸樹脂：表色透明塗裝、直接塗料、水性著色劑。
3.酸硬化型氨基酸樹脂：著色止目塗裝、直接塗料、水性著色劑。
4.氨基甲酸樹脂：PU著色透明塗裝（NGR著色劑）。

13 試問室內裝修工程項目中，使用三夾板、石膏板等建材平釘牆面，及平頂天花板的部分，其經塗裝後的表面，常會在板與板之接合處浮現裂痕之現象，請說明其發生的原因及如何防制。

答 1.原因：
(1)熱脹冷縮
(2)受潮
(3)振動
2.防制：
(1)批土、加砂布
(2)施以AB膠
(3)施以塑鋼土
(4)貼膠帶、批土、油漆

14 請針對下述條件回答各項室內裝修工程管理問題：

現有某一建築物，其樓層高295cm，梁下240cm，今依設計圖面資料標示相關說明如下：

（一）主臥室與浴廁之隔間牆為1/2B磚牆，主臥室天花板釘6公厘夾板平頂天花板，天花板下淨高為236cm，浴室天花板釘PVC企口板，天花板下淨高為220cm，牆與天花板交接處釘1.5寸×1寸實木線板，主臥室：3.25m×4.75m，浴廁：1.1m×2.35m，且主臥室內有一內凹窗臺：0.6m×2.1m。

（二）浴廁地板及牆面分別舖貼20cm×20cm之防滑地磚及磁磚。

（三）臥室牆面及天花板均作乳膠漆塗裝。

（四）浴廁設備全部更新。

（五）浴廁門改為10公厘厚玻璃門片，門框及門檻皆為不銹鋼製。

（六）衣櫥高度平接天花板，門板均作空心門板面貼楓木薄片及楓木飾條，透明漆處理。

（七）臥室地板平舖象牙木（寬10cm×厚2cm×長度亂尺）無塵企口實木地板。

（八）窗邊加釘窗簾盒，表面貼楓木薄片，透明漆處理，內置窗簾一層布一層紗。

（九）內部家具採用活動式。

問題一：

（一）主臥室與其浴廁整體裝修項目（請分類分項說明之）。

答 可分為下列幾類：
1.裝修類：
(1)測量放樣
(2)泥作工程
(3)木作工程
(4)塗裝工程
(5)門窗及玻璃工程
2.設備類：
(1)衛浴設備、配件及安裝工程
(2)給排水配管工程
(3)電器配管線工程
(4)燈具及安裝
3.裝飾類：
(1)窗簾製作及安裝
(2)活動家具
4.雜項：清潔

（二）主臥室與其浴廁施工之先後次序及應注意事項有哪些？

答 施工次序如下：

1. 測量放樣
2. 水電工程：水電配管線、預埋開關插座接線盒
3. 門窗工程：立不銹鋼門框、門檻，門框及門檻內水泥砂漿填實
4. 木作工程：釘天花板吊筋及收邊料
5. 泥作工程：防水粉刷（防水塗裝）
6. 泥作工程：貼牆面磚、貼地面磚、收縫
7. 木作工程：衣櫥裁板、組立、窗簾盒製作、封天花平頂面材、釘天花線板、門板製作、貼木薄片及飾條、安裝衣櫥門板及五金
8. 木作工程：舖木地板、防潮PVC布、釘夾板底板、舖實木地板、釘踢腳板、地板保護
9. 塗裝工程：衣櫥染色、底漆、天花打油底、接縫補土、天花底度面漆、牆面底度面漆、踢腳板底度面漆、衣櫥面漆
10. 玻璃工程：量門及鏡面尺寸、製作
11. 窗簾：量尺寸、製作
12. 清潔：清除垃圾
13. 水電工程：安裝衛浴設備、銅器配件、地坪落水頭、安裝燈具及開關插座面板
14. 玻璃工程：安裝強化玻璃門及鏡面、打Silicone
15. 窗簾：安裝軌道、裝窗簾及紗簾
16. 活動家具：搬運進場
17. 清潔：細部清潔

應注意事項為：

1. 設計圖說與現場尺寸測量放樣檢核
2. 各細部尺寸及位置
3. 泥水磁磚完成面高度及實木地板完成面之高度
4. 天花平頂高度及衣櫥高度
5. 施工次序為：先溼式工作後乾式工作、由上而下、由內而外
6. 各前一工程完成與後一工程之銜接界面
7. 設計選用建材、設備之尺寸規格色樣品級檢核

（三）請說明浴廁牆面（天花板下），及地面防水層如何施作及其標準尺度為何？

答 防水層之施作：

1. 可用防水粉刷或防水塗裝方式以達防止水氣外漏的效果
2. 防水粉刷為在1：2水泥砂漿中摻入適當比例之防水劑作為牆面及地面貼磁磚之底層
3. 防水塗裝則以防水型塗料塗布於牆面及地面
4. 其施作之尺度一般以高過給水管線之最高高度10cm為宜
5. 特殊情形為防水蒸氣滲漏也有全室六面塗布

問題二：

（一）浴廁磁磚舖貼工程（牆面天花板下），有多少坪？20cm×20cm防滑地磚及磁磚，各需多少塊？

答 地面防滑磁磚：

$1×2.35=2.585$（m²）

$585×0.3025=0.78$（坪）或$2.585÷3.24=0.79$（坪）

$0.78×1.05=0.82$（坪）（加計耗損料）Ans：0.82坪

牆面磁磚：

$(1.1+2.35)×2×2.2=15.18$（m²）

$15.18×0.3025=4.59$（坪）或$15.18÷3.24=4.68$（坪）

Ans：4.59坪或4.68坪

20cm×20cm磁磚每坪用量：

$3.24÷0.0441=74$（片）（每坪約需20cm×20cm地磚之片數）

$0.82×74=61$（片）

Ans：61片

$4.59×74=340$（片）或$4.68×74=347$（片）

Ans：340片或347片

【註】：坪數之計算：$1.8m×1.8m=3.24m²$（亦有以3.3m²計算者）磁磚因每片間會有勾縫，故20cm×20cm在施工時以21cm×21cm計算，係由於加計1cm的勾縫所致。另外，坪數亦有以$Xm²×0.3025$直接換算成坪數者，故只要在接近標準答案範圍內之數據應都是可接受之答案，但先決條件即為需列出計算式以供評卷委員檢核參考，才不致全軍覆沒。

（二）主臥室及浴廁天花板各有多少坪？

答　主臥室天花板：

$3.25 \times 4.75 - 0.6 \times 2.1 = 14.1775$（m²）

$14.1775 \times 0.3025 = 4.29$（坪）

Ans：4.29坪

浴廁天花板：

$1.1 \times 2.35 = 2.585$（m²）

$2.585 \times 0.3025 = 0.78$（坪）

Ans：0.78坪

（三）主臥室牆面及天花板油漆塗裝數量，共有多少坪？

答　主臥室牆面油漆：

$(3.25 + 4.75) \times 2 \times 2.36 - 2.1 \times 2.36 = 32.8$（m²）

$32.8 \times 0.3025 = 9.92$（坪）

Ans：9.92坪

主臥室天花板油漆：

$3.25 \times 4.75 - 0.6 \times 2.1 = 14.1775$（m²）

$14.1775 \times 0.3025 = 4.29$（坪）

Ans：4.29坪

（四）主臥室平舖木質地板實際使用坪數及3尺×6尺防潮夾板完整片數？

答　主臥室舖實木地板：

$3.25 \times 4.75 - 0.6 \times 2.1 = 14.1775$（m²）

$14.1775 \times 0.3025 = 4.29$

$4.29 \times 1.05 = 4.5$（坪）（加計施工耗損料）

Ans：4.5坪

3尺×6尺防潮夾板每坪用量：

1坪≒180cm×180cm，1尺≒30cm

180（即6尺）÷90（即3尺）＝2

180（即6尺）÷180（即6尺）＝1

$2 \times 1 = 2$（片）亦可以 $(6 \div 3) \times (6 \div 6) = 2$（片）

$4.5 \times 2 = 9$（片）

Ans：9片

15 請問一般的吸音材料，其種類及特性為何？

答 1.開孔吸音材料：如：玻璃纖維棉、岩棉、麻棉、木生石棉板等材料，一般這些材料在低音域裡，吸音少，而在高音域裡，吸音大。

(1)材料愈厚，則其吸音愈大（特別是在低音的場合）。

(2)同一厚度的材料中，如果壁體間能充入空氣層，則對低音的場合，有較大的吸音率作用。

(3)如果表面被覆處理材料，使用穿孔板時，而其穿孔板很厚，孔徑很小時，但開孔很多時（開孔率在30％以上時）則對吸音率的效果影響並不大，但是，如果開孔數目減少時，則愈高的音域時，其吸音率反而會減少。

(4)像覆蓋以合成樹脂纖維、皮革或帆布等密閉的場合，使用多孔質堅硬材料時，在高音的音域裡吸音率則顯著地減少，但是，使用像海綿質等柔軟材料的時候，不管是對低音或所有音階，皆會有很好的吸音特性。

(5)輕質且具有吸音質地的板狀多孔材料，如果在裡面能充入充分的空氣，則在低音的音域裡，將有很大的吸音效果。

2.表膜會振動的材料：如：合板、硬質板、塑膠纖維板、合成樹脂布等材料，一般而言，前述之質料，對低音的音域，其吸音率小，板愈薄時，其吸音率愈大，還有，用鐵釘釘的，比用漿糊整個黏著的方式，吸音率大，且通常其吸音率的範圍約為200～300Hz。但是材料愈重、裡面充滿的空氣愈多時，其吸音的效果，則對於低音域愈有利。

(1)共鳴材料：如：穿孔金屬板、穿孔合板、穿孔硬質纖維板、穿孔石棉板等材料，對共鳴週波數以外的聲音吸音率低，但若在設計時針對吸音特性，掌握其週波數，便能使吸音效果得到滿足。

(2)其他特殊的吸音工法之材料：如：Helmholtz共鳴器（對特定週波數的吸音器）、哥本哈根肋板（用木製rib覆蓋的吸音材料）。

---

16 請問一般結構行為中，影響「挫屈」（Buckling）的因素為何？

答 1.長細比。
2.端點接頭型式。
3.作用力之偏心距。
4.材料本身之缺陷。
5.桿件之起始彎曲變形。
6.製造時之殘留應力。

17 請問一般作用在建築物上之荷重可能有哪些？

答 依《建築技術規則構造篇》分：垂直載重、橫力載重及其他載重。

（一）垂直載重：

1.靜載重（即建築物之自重）：

(1)建築物材料重量

(2)屋面重量

(3)天花板重量

(4)地板面重量

(5)牆壁重量

(6)其他固定於建築物構造上之各物重量。

2.活載重（係可移動之重量）：

(1)人員重量、動物重量、家具設備重量、儲藏物品、活動隔間、工廠機器重量。

(2)雪載重、欄杆橫力、衝擊活載重、地下室水壓力、地下室地板水浮力。

(3)垂直載重中，不屬於靜載重者，均為活載重。

（二）橫力載重：

1.風載重，$P = CQA$，$Q = 60\sqrt{h}$

2.地震載重，$V = ZKCIW$（S）

3.土壤壓力（主動、被動、靜止土壓）

4.水壓力或冰壓力

5.爆炸壓力

6.海浪壓力或繫環壓力

（三）其他載重：

1.溫度引起之荷重——建築物因冬夏季溫度變化所產生應力。

2.基礎不均勻沉陷所引起之意外荷重。

3.由於施工製造安裝所引起之應力荷重。

4.由於共振現象造成建築物破壞之共振載重。

（四）火災載重：按樓板面積設計，指建築物每單位面積中之易燃物質數量。

（五）火災耐久能力：受火災時，導致結構破壞所需之時間。

18 請問何謂「震源」？何謂「震央」？何謂「地震階級」？何謂「斷層」？

答 （一）震源：在G.L發生斷層相互移動之點，稱之。

（二）震央：震源在平面上之垂直投影，稱之；因此，發生地震之來源稱為震源，而震源垂直投影至地面之點稱為震央。

（三）地震階級（地震強度階級）：審判地震災害大小之標準稱之。

  1.又叫震度，乃對地震破壞強度之一種定性指標，通常由現場人們之感覺及目視調查結果來定之。

  2.由於各目標點至震源距離不同，且地震經過長距離之作用，因而各地會有不同強度之現象。

  3.分類：

   (1)基於工程觀點決定其大小，以數據定之。

   (2)基於實際觀點決定其大小，以一般民眾感覺而定出之大小。

   (3)目前有ＭＭ（麥氏12級）與ＪＭＡ（8級）二種分類法（【註】：臺灣7級）。

（四）斷層：地殼變動而發生板裂性變形所造成的一種地質構造現象，主要特徵是板裂面兩側的岩石會沿著破裂面發生相對移動。

---

19 請問一般在結構行為中，何謂「共振」？試說明之。

答 當外加載重之週期與結構物之基本週期相接近時，極易產生共振現象，且當共振現象發生時，所施加之力會有遞增之效果，易使結構物遭致破壞。

---

20 請問一般建築結構體常發現有些裂縫，請問對裂縫之控制方法為何？

答 1.使用竹節鋼筋（避免使用平圓鋼筋）。

2.防止鋼筋有過大之工作應力（fs儘量小）。

3.採用適當之保護層（dc儘量小，但不得小於規範之最小規定）。

4.採用較小號之鋼筋（A會因鋼筋根數n增多而變小）。

---

21 請問一般建築物在何種情況下，須設置伸縮縫？

答 1.建築物太長時，中間部分常因沉陷而開裂，故需設置伸縮縫（一般45m～60m之間設一）。

2.建築物之平面為L形、T形、H形等，因凸緣甚大，地震時有如懸臂梁之效應（因為固定端之應力很大），故相交處常有應力集中之現象，容易引起龜裂或破壞，而最好之補救方法即設伸縮縫。

3.高低層差頗大之建築物，因重量相差很大，易發生不均勻沉陷，且地震時因振動週期不一致，其側位移亦會不同，以致於建築物之應力易集中於某處（一般為高低層交接處）最好設置伸縮縫，使其成為兩單獨之結構體。

4.為防止混凝土因乾縮而產生裂縫及溫度影響產生二次應力，須設置伸縮縫。

5.於增建時，因新舊建築物構造性能不同，最好設置伸縮縫。

㉒ 試述混凝土之抗壓強度受何種因素之影響？

答 1.組成材料之品質（水泥、骨材、水及摻合劑）。

2.材料的配合（配合比、水灰比、工作度）。

3.施工狀況（拌和、澆置、搗實養護）。

4.混凝土之凝期（愈久壓力強度愈大）。

㉓ 請問在地震時，R.C梁柱接頭可能產生之破壞有哪些？

答 1.斜拉力破壞。

2.劈裂破壞。

3.錨定破壞。

4.混凝土壓碎破壞。

5.接頭本身鋼筋強度不足，以致過早破壞。

㉔ 請問一般針對鋼骨構造現場施工焊道之檢驗方式為何？

答 1.破壞性試驗：

(1)彎曲試驗。

(2)拉伸試驗。

(3)角焊剪力試驗。

(4)角焊破壞試驗。

(5)腐蝕試驗。

(6)衝擊試驗。

(7)硬度試驗。

(8)水壓爆破試驗。

(9)金相觀察試驗。

(10)化學分析試驗。

2.非破壞性試驗：
  (1)目視檢查。
  (2)磁粉檢查。
  (3)滲透劑檢查。
  (4)超音波檢查。
  (5)X光檢查。
  (6)渦流檢查。
  (7)氣壓檢查。
  (8)水壓檢查。
  (9)真空試驗。

25 請問一般鋼構造之接合形式有哪幾種？
  答 1.剛接。
  2.簡接（樞接）。
  3.半剛接。

26 請問何謂「收縮縫」？何謂「伸縮縫」？
  答 1.收縮縫：為防止混凝土硬化後因收縮而產生之不規則有害裂縫，故於牆面上每隔6～10m做成深約1.5cm寬0.5cm之縫槽，使收縮裂縫由此發生。
  2.伸縮縫：為避免牆身受溫度變化產生應力及裂縫，常利用垂直伸縮縫將牆身分成許多單元，其填縫材為具柔軟性填縫料或銅片（厚1.5cm～2cm）。

27 請問一般建築物漏水之三要素為何？
  答 水、水路、壓力差（重力自然流入經毛細管現象而作用）。

28 請問何謂「吸水」？何謂「透水」？
  答 1.吸水：混凝土內部之微小空隙因毛細管作用，將水分吸入滲透至混凝土內部之現象稱之。
  2.透水：當混凝土承受壓力作用（如：地下水壓、牆面風壓）時，水分經壓力作用壓入混凝土內部，並由另一面滲出之現象稱之。

29 請問一般防水工法有哪幾種？

答 1.混凝土防水法。

2.瀝青防水法。

3.水泥砂漿防水法。

4.塗膜防水法。

5.薄片防水法。

6.填縫劑防水法。

7.其他防水施工法。

30 請問混凝土構造施工時，一般查驗之項目為何？

答 依據《建築技術規則構造篇》第335條規定：

1.混凝土配料之品質與配比。

2.混凝土之拌合、澆置及養護。

3.鋼筋彎紮及排置。

4.模板及支撐之安裝與拆除。

31 請問建築物之屋頂構造熱性能之相關因素有哪些？

答 1.材料之厚度：厚度大之構造則時滯（time leg）長、振幅衰減率小、熱阻大，室內表面溫度低，隔熱性較佳。

2.屋頂之單位重量：愈大者，時滯長，振幅衰減率小。

3.熱容數：愈大者愈佳。

4.透熱率：為熱阻之倒數，故值愈小，隔熱性佳。

5.總熱阻：值愈大，隔熱性愈佳。

6.溫度振幅衰減率：值愈小，則室內表面溫度低。

7.時滯：愈長愈佳。

8.單位造價：評估經濟性之指標。

9.室內頂表面溫度：評估室內熱環境之指標。

32 請問一般建築物屋頂隔熱構造之設計原則為何？

答 1.減少屋頂表面之日射吸熱，以降低等價溫差。

• 手法：使用日射吸收率低且淺色系之材料、搭建鐵厝、在屋頂上設灑水裝置。

2.增加屋頂之熱容量，以減少室內溫度之變動。
- 手法：使用比熱較大或比熱較高之材料。

3.促進天花板內之換氣，以降低天花板表面溫度。
- 手法：設置通風換氣口，使室內空氣能自然對流而排除熱量。

4.增加構造之熱阻，以減少流入室內之熱量。
- 手法：使用熱傳係數較小的材料、使用空氣層及高反射、低輻射之鋁箔以阻熱。

---

33 請問有關建築結構系統中，使纜索（cable）安定之方法為何？

答 1.(1)增加屋頂和天花板材料。
　　(2)增加屋頂重。

2.用副繩安定，使主繩不跳動。

3.加雙重主繩：　(1)工人上去，下繩受重量。
　　　　　　　　(2)風吸力，上繩發揮作用。
　　　　　　　　(3)上繩不隨便變形，牽制下繩而不變動。

4.薄殼與懸索屋頂合用（在主繩上打一層很薄之混凝土片）。

---

34 請問有關建築結構系統中，防止折板變形之方法為何？

答 1.前後縱深每隔一定距離作山牆或剛性構架，且山牆做在下方。

2.前後縱深每隔一定距離作山牆或剛性構架，且山牆做在上方。

3.以剛構架（梁）取代山牆。

---

35 請問有關建築結構系統中，管式建築（煙囪建築）之分類為何？

答 1.空管式：
(1)剛架組合空管式。
(2)桁架式空管式。

2.管內補強式：
(1)以耐震壁補強之管式結構。
(2)以剛架補強。
(3)管中管。
(4)蜂巢管式。
(5)半管、全管混合式結構。

36 請問有關建築結構系統中，摺板之破壞及補強為何？

答 （一）破壞：

1.位移。

2.挫曲。

3.角度改變。

（二）補強：

1.(1)摺板上加壁板。

(2)摺板下加壁體。

(3)摺板下加剛構架。

(4)摺板下加繫桿（Tie-beam）。

2.邊緣補強：

(1)水平梁。

(2)垂直梁。

(3)垂直板面梁。

(4)邊梁。

---

37 請問有關建築結構系統中，圓筒之支承抵抗作用（應力行為）為何？

答 拱作用、梁作用、板作用。

---

38 請問有關建築結構系統中，筒殼之破壞及補強為何？

答 （一）破壞：受外力負荷、風力、集中負荷之影響、邊緣應力之破壞。

（二）補強：

1.殼下加壁體。

2.殼上加壁體。

3.殼加剛構架。

4.加繫桿（Tie-beam）。

5.做連續筒殼。

6.邊緣補強：。

(1)垂直邊梁。

(2)水平邊梁。

(3)接鄰殼。

(4)改變下端曲線。

39 請問有關建築結構系統中，圓頂殼（Dome）之邊緣補強為何？

答 1.邊緣加水平梁。

2.順邊緣加垂直梁。

3.改變曲率由向心力變離心力。

4.沿切線方向做扶柱

40 請問有關建築結構系統中，一般高樓結構之負荷傳遞方式為何？

答 1.構架傳遞。

2.懸臂傳遞。

3.周邊傳遞。

4.懸吊傳遞。

41 請問有關建築結構系統中，地震力對建築物之作用為何？

答 1.柱軸力改變。

2.傾倒力矩。

3.彎曲力矩。

4.層間剪力。

42 請問有關建築結構系統中，地震力之抵抗系統（耐震構材）為何？

答 1.加拱。

2.加繩（纜）索。

3.加桁架。

4.斷面改變。

5.加斜撐。

6.加剪力牆。

7.斷面加大。

43 請問一般檢驗R.C構造物之PC抗壓強度是否合乎安全之方法為何？

答 1.非破壞性檢驗法：

(1)試驗鎚法。

(2)超音波法（音速法）。

2.破壞性檢驗法：鑽心試驗法。

44 請問一般R.C建築物之柱子，遭受地震時較常見之破壞形態為何？

答 1.撓曲破壞。
2.受撓鋼筋降伏後之剪力破壞。
3.柱端之壓力破壞。
4.撓曲鋼筋降伏後，柱主筋之挫屈。
5.極短柱之剪力破壞。

45 請問一般R.C建築物，其梁柱接頭遭受地震之破壞形態為何？

答 1.斜拉力破壞。
2.劈裂破壞。
3.錨定破壞。
4.混凝土壓降破壞。
5.接頭本身鋼筋強度不足過早破壞。

46 請問一般基礎之沉陷與土壤性質之關係為何？

答 1.瞬間沉陷：砂質土壤，乃由載重引起剪應力作用，使土壤變形而生。
2.壓密沉陷：黏質土壤，因孔隙水排出而生。
3.次壓密（縮）沉陷：特殊軟弱土質，土粒之壓碎或重新定位等，於不變有效應力作用下，繼續生沉陷。

47 請問何謂「土壤液化現象」？

答 在地震時，由於土壤受到動態剪力作用，使孔隙水壓迅速增高，使土壤有效應力大減，甚而為零，此時剪力強度喪失，致而失去穩定性之現象，稱之；一般於砂土較易發生，可用打樁或改善排水條件或預壓等之土壤改良著手。

48 請問何謂基樁之「負摩擦力」？

答 基樁常穿過軟弱土層，將載重支持於較深之土層上，由於施工或地表超加載重，或長期抽取地下水，使樁周圍軟弱地層產生壓密沉陷，即地盤與基樁間發生相對位移，形成一向下作用之拉力，稱之；可採增加樁數以減低容許承載力或以擴座基樁增加端點承載力，或於負摩擦區加套管或擦柏油、瀝青於樁表面。

49 請問建築物之深基礎，其定義及目的為何？

答 1.定義：

(1)係指一般工法所無法施工者，必須借用較新（特殊）工法，或需採用大型及大量之施工機械設備，方能克服施工上之困難而達成其目的者。

(2)係指基礎深度達8m以上者或達基礎最小寬度5倍以上之深度者。

2.目的：

(1)為解決建築物位處軟弱地盤且非一般基礎所能處理（勝任）之地下工程問題。

(2)為滿足建築物空間機能之需要，進而達成興建地下構造物之目的。

50 請問一般針對土質改良之主要功能為何？

答 1.增加被動土壓力，減少貫入深度及側向位移。

2.減少擋土設施的應力與應變。

3.增加土壤之抗剪力、地盤反力、承載力。

4.改良土壤之透水性，提高止水效果。

5.用以補救擋土壁的施工或設計缺失。

51 試述在連續壁外之改良排樁與壁體間之作用為何？

答 1.增加滑動面之抗剪力。

2.排樁與滑動土體之摩擦力，減低土體之沉陷。

3.排樁及連續壁之土體因受兩面摩擦阻力，使其覆土壓力減小，對連續壁之側壓減輕。

52 試述利用土質改良增加開挖面穩定及保護鄰房之原理為何？

答 1.增加抗剪力

2.拉拔抗力

3.底部抗力

4.牆面摩擦力

5.側壓力降低

53 試比較「構法」與「工法」之異同點為何？

答 設計→（建築構法）→（營建工法）→施工

1.特性：建築構法：理論性、系統性

營建工法：實務性、單元性

2.對象：構法：以構體為主

工法：以構件為主

3.共同點：皆為檢討「結點」為主之觀念，如：各構體或各構件間之方向變化、大小變化、高低變化、形狀變化、材料變化等

4.在「建築構造」之分類上有所不同：

構法：1.場鑄類型；2.預鑄類型

工法：1.重型類型：磚、空心磚、石等構造物

2.中型類型：R.C、Steel、S.R.C構造物等

3.輕型類型：輕型鋼、木、預製材

4.超輕類型：立體桁架、懸吊結構、充氣構造

	構法	工法
目的	要求性能的實現	構法的實現
限制條件	生產條件	生產條件
要素	建築材料/組件	作業（人、機械）
附屬於要素之屬性	性能、造價	造價、工數、生產設備
要素間之相互關係	接合法、構成	作業之前後關係

5.構法：以特定的材料及組件經由特定的接合法所構成之系統，而空間所要求之性能乃根據構法來實現的；即建築構造之構成方法或建築物之組合系統，其要素：構成組件、構成組件之組合方式、構成組件之接合方法。

工法：利用特定的生產設備，經由特定的作業程序以實現特定構法之系統稱之。

---

54 試述何謂「曲面玻璃」？及其適用時機為何？

答 1.曲面玻璃：玻璃二次加工品，可做成各種角度之彎曲及球面，亦可做成膠合曲面玻璃、複層玻璃等。

2.適用時機：裝飾、燈飾、隔屏。

---

55 試述何謂「綠建材」？

答 包括健康、高性能、生態、再生等性能之建材稱之。其定義為：「在原料採取、產品製造、應用過程和使用以後的再生利用循環中，對地球環境負荷最小、對人類身體健康無害的材料」稱之。綠建材的特性如下：

特性	Reuse：再使用（再利用） Recycle：再循環 Reduce：減量 Low emission materials：低汙染
使用優點	生態材料：減少化學合成材之生態負荷與資源消耗 回收再用：減少材料生產耗能與資源消耗 健康安全：使用天然材料與低揮發性有機物質的建材，可減免化學 　　　　　合成材所帶給人體的危害 材料性能：材料基本性能及特殊性能評估與管制，可確保建材使用 　　　　　階段時之品質
評估項目	性能確保 環保確保性 健康性確保

56 試述室內裝修之「綠建材」認定之種類有哪些？

答 主要以「生態綠建材」、「健康綠建材」、「高性能綠建材」及「再生綠建材」四大類為主，目前認定的項目有：塑橡膠再生品、建築用隔熱材料、水性塗料、回收木材再生品、資源化磚類建材、資源回收再利用建材、其他經中央主管建築機關認定具有同等性能目的者。

57 試述室內裝修之「綠建材」中之塑橡膠再生品之認定原則為何？

答 1.塑橡膠再生品的原料須全部為國內回收塑橡膠。塑橡膠的回收塑橡膠混合率應為100%。（為改良產品品質而添加之添加料不算）

2.回收塑橡膠包含工廠中產生的切落碎屑、不良品等，但不得含有環保署公告之毒性化學物質。

58 試述室內裝修之「綠建材」中之建築用隔熱材料之認定原則為何？

答 1.建築用的隔熱材料，其熱傳導係數須在0.038kcal/$m^2h℃$以下。

2.產品及製程中不得使用蒙特婁議定書之管制物質。

3.不得含有環保署公告之毒性化學物質。

59 試述室內裝修之「綠建材」中之水性塗料之認定原則為何？

答 1.產品不得含有甲醛及鹵性溶劑。產品中芳香族碳氫化合物含量應符合下列規定：

類別	芳香族碳氫化合物含量
乳膠漆	不得超過0.1%
其他水性塗料	不得超過1%

2.產品不得含有汞、鉛、鎘、六價鉻、砷及銻等重金屬，且不得使用三酚基錫（TPT）與三丁基錫（TBT）。產品組成物中雜質或汙染產生之上述重金屬總量不得超過0.1%。

3.產品之閃火點（Flash point）需不低於61℃。

4.產品以噴霧罐盛裝者，罐中不得使用蒙特婁議定書之管制物質；以金屬容器盛裝者，金屬部分不得含有鉛；以塑膠容器盛裝者，塑膠部分應標示其材質。

5.

類別	VOC
乳膠漆	不得超過50g/L
其他水性塗料	不得超過100g/L

60 試述室內裝修之「綠建材」中之回收木材再生品之認定原則為何？

答 1.產品須為回收木材加工再生之產物。包括中間產品（如粒片板、木棧板、纖維板），及最終產品（如建材、家具等）。

2.粒片板、木棧板、纖維板之回收木材混合率需為100%；建材、家具之回收木材混合率需在90%以上。

61 試述室內裝修之「綠建材」中之資源化磚類建材之認定原則為何？

答 1.資源化磚類建材包括陶、瓷、磚、瓦等需經窯燒之建材。

2.資源化回收廢料包括陶瓷廢胚及其無機汙泥、石材廢料及其廢泥、建築廢料及其他已依廢棄物清理法規定所公告或核准為可再利用之廢棄物及依資源回收再利用法公告為資源者，其最終產品中廢料摻配比率應等於或超過下列規定（擇一即可）：

(1)陶瓷廢胚：熟廢胚5%。

(2)陶瓷業之無機汙泥（乾基）：8%。

(3)石材廢料及其廢泥：30%。

(4)其他已依廢棄物清理法規定所公告或核准為可再利用之廢棄物及依資源回收再利用法公告為資源者：50%。

(5)若採用上述廢料混合攪配時，其總和使用比率須等於或超過單一廢料攪配比率。

3.產品原料不得含有有害事業廢棄物，且加馬等效劑量低於或等於0.2微西弗/小時（包括宇宙射線劑量）。

62 試述室內裝修之「綠建材」中之資源回收再利用建材之認定原則為何？

答 1.資源回收再利用建材係指不經窯燒而回收料攪配比率大於70%所製成之產品。

2.本規格標準之適用範圍，包括混凝土類、石膏類、矽酸鈣類及石材類產品。

3.回收料之來源包括依廢棄物清理法規定所公告或核准為可再利用之廢棄物及依資源回收再利用法公告為資源者。

4.產品應通過有害事業廢棄物認定標準附表三，毒物溶出試驗（TCLP）管制值。

63 試述依「京都議定書」之規範，臺灣落實在產業界之三個因應方針為何？

答 1.零排放：合理之製程計畫與構造形式，再生能源的使用，材料回收再生、再利用。

2.低耗能：高效能機器與器具的使用，減少建材製造時之耗能。

3.健康確保：汙水垃圾減量，營建廢棄物減量，建材的使用。

64 依《建築技術規則建築設計施工篇》第17章，綠建築施行要點中第299條，所指綠建材之定義，是指符合何種性能之建材？

答 健康、高性能、生態、再生等性能之建材稱之。

肆
材料與施工

65 依《建築技術規則建築設計施工篇》第17章，綠建築施行要點中第322條，規定下列(1)水性塗料；(2)塑橡膠類再生品綠建材之材料構成，各需符合何種規定？

答 1.水性塗料：

(1)產品不得含有甲醛及鹵性溶劑。產品中芳香族碳氫化合物含量應符合下列規定：

類別	芳香族碳氫化合物含量
乳膠漆	不得超過0.1%
其他水性塗料	不得超過1%

(2)產品不得含有汞、鉛、鎘、六價鉻、砷及銻等重金屬，且不得使用三酚基錫（TPT）與三丁基錫（TBT）。產品組成物中雜質或汙染產生之上述重金屬總量不得超過0.1%。

(3)產品之閃火點（Flash point）須不低於61℃。

(4)產品以噴霧罐盛裝者，罐中不得使用蒙特婁議定書之管制物質；以金屬容器盛裝者，金屬部分不得含有鉛；以塑膠容器盛裝者，塑膠部分應標示其材質。

(5)

類別	VOC
乳膠漆	不得超過50g/L
其他水性塗料	不得超過100g/L

2.塑橡膠類再生品：

(1)塑橡膠再生品的原料須全部為國內回收塑橡膠。塑橡膠的回收塑橡膠混合率應為100%。（為改良產品品質而添加之添加料不算）

(2)回收塑橡膠包含工廠中產生的切落碎屑、不良品等，但不得含有環保署公告之毒性化學物質。

---

66 依《建築技術規則建築設計施工篇》第17章，綠建築施行要點中第322條，規定下列（1）回收木材再生品（2）資源化磚類綠建材之材料構成，各需符合何種規定？

答 （一）回收木材再生品：

1.產品需為回收木材加工再生之產物。包括中間產品（如粒片板、木棧板、纖維板），及最終產品（如建材、家具等）。

2.粒片板、木棧板、纖維板之回收木材混合率需為100%；建材、家具之回收木材混合率需在90%以上。

（二）資源化磚類：

1.資源化磚類建材包括陶、瓷、磚、瓦等需經窯燒之建材。

2.資源化回收廢料包括陶瓷廢胚及其無機汙泥、石材廢料及其廢泥、建築廢料及其他已依廢棄物清理法規定所公告或核准為可再利用之廢棄物及依資源回收再利用法公告為資源者，其最終產品中廢料攪配比率應等於或超過下列規定（擇一即可）：

(1)陶瓷廢胚：熟廢胚5%。

(2)陶瓷業之無機汙泥（乾基）：8%。

(3)石材廢料及其廢泥：30%。

(4)其他已依廢棄物清理法規定所公告或核准為可再利用之廢棄物及依資源回收再利用法公告為資源者：50%。

(5)若採用上述廢料混合攪配時，其總和使用比率需等於或超過單一廢料攪配比率。

3.產品原料不得含有有害事業廢棄物，且加馬等效劑量低於或等於0.2微西弗/小時（包括宇宙射線劑量）。

67 試述「生態綠建材」及「健康綠建材」之意義各為何？

 1.生態綠建材：即指在建材從生產至消滅的全生命週期中，除了須滿足基本性能要求外，對於地球環境而言，它是最自然的，消耗最少能源、資源且加工最少的建材稱之。

2.健康綠建材：指對人體健康不會造成危害的建材；亦即健康綠建材應為低逸散、低汙染、低臭氣、低生理為害特性之建築材料稱之。

68 試述「高性能綠建材」及「再生綠建材」之意義各為何？

 1.高性能綠建材：指性能有高度表現之建材，能克服傳統建材性能缺陷，以提昇品質效能，生活中常見如噪音防制、基地保水能力不佳等問題，可藉由採用性能較佳建材產品，獲得相當程度的改善，目前綠建材標章評估的性能包含防音、透水兩項目。

2.再生綠建材：即利用回收之材料經由再製過程，所製成之最終建材產品，且符合廢棄物減量（Reduce），再利用（Reuse）及再循環（Recycle）等原則之建材稱之。

69 試述綠建材通則管制之意義與目的為何？

答 1.綠建材是對環境無害的建材：應確保綠建材標章產品於生命週期各階段中不會造成環境衝擊。

2.綠建材的規格標準：品質應符合法規及一般功能性要求。

3.綠建材是對人體無害的建材：確保對人體不會造成健康的危害。

70 試述綠建材通則之一般要求為何？

答 1.綠建材應於原料取得、生產、製造、成品運輸及使用等階段不致造成重大汙染，及增加溫室氣體排放、破壞臭氧層物質，及各種導致環境衝擊之行為。

2.綠建材之產品功能應符合既定之國家標準者，若無國家標準者，應另聲明其所具有之規格標準。

3.綠建材之品質及安全性應符合相關法規規定。

71 試述綠建材通則之限制性物質評估項目為何？

答 1.非金屬材料任一部分之重金屬成分，依據「事業廢棄物毒性特性溶出程序（TCLP）」檢出值不得超過規定。（需檢附試驗報告書）

2.不得含有石綿成分。（需檢附試驗報告書）

3.不得含有放射線（加馬等效劑量在0.2微西弗/小時以下，包括宇宙射線劑量，需檢附試驗報告書）

4.不得含有行政院環境保護署公告之毒性化學物質。

5.不得含有無機鹵化物及其他蒙特婁公約管制化學品。

72 試述國內綠建材標章之規劃時程為何？

答 1.資源採取與製造階段：考量建材之生態性，著重生生不息、無虞匱乏的天然材料，且低人工處理，以求對環境無害、對人體無毒之用，是為「生態」之範疇。

2.建材使用階段：必須含低甲醛及TVOC逸散，對人體無害，以國內室內裝修建材普遍過量、健康風險值過高的現況而言，對健康綠建材進行評估實刻不容緩，是為「健康」之範疇。

3.廢棄再生階段：再生建材是以回收國內廢棄物再製而成，並達到基本之安全與功能性要求，是為「再生」之範疇。

73 試述綠建材標章之四種綠建材為何？且材料性能為何？

答 1.生態綠建材、健康綠建材、高性能綠建材及再生綠建材等四種。
2.(1)生態綠建材：「無匱乏危機」與「低人工處理」。
　(2)健康綠建材：低「甲醛」、低「總揮發性有機化合物」逸散。
　(3)高性能綠建材：「透水」、「防音」。
　(4)再生綠建材：「減量」、「再利用」、「再循環」。

74 試述何謂「壓花玻璃」？其適用時機為何？

答 1.壓花玻璃通常一面為平滑面，另面具有機器壓鑄之花型面。
2.其特點為較平板玻璃之透光率低、散光效果高及遮視效果良好，一般應用於隔屏、外牆之門窗、桌面等。

75 試述何謂「曲面玻璃」？其適用時機為何？

答 1.玻璃二次加工品，可做成各種角度之彎曲及球面，亦可做成膠合曲面玻璃、複層玻璃等。
2.一般多做為裝飾、燈飾等用途。

76 試述何謂「拼花玻璃」？其適用時機為何？

答 1.為使用各種有色玻璃拼成各種圖案樣，作為窗扇裝飾的藝術品。拼裝時將各種顏色的玻璃按照圖案切割成各種形狀，以I字形嵌條拼接，並將各接頭銲接而成；如面積較大者，應採用銅、黃銅或鋅條取代鉛條，其背面並以銅條等補強。
2.一般應用於隔屏、外牆之門窗、桌面等。

77 試述何謂「膠合安全玻璃」？其適用時機為何？

答 1.係以2片或2片以上之平板玻璃中間夾柔軟、強韌而透明（有色或無色）之塑膠膜膠合而成。
2.其特性為一旦破裂，玻璃碎片不致飛散傷人，因此，除應用於車輛門窗外，其他須要強度及安全性的場所亦普遍使用，如建築物門窗及隔間，銀行出納窗口及商店陳列櫥窗等。

78 試述何謂「強化玻璃」？其適用時機為何？

答 1.係將平板玻璃加熱至軟化點時，再作均勻而急速的冷卻，使其表面受到壓縮應力，處理後其抗衝及抗彎曲強度可增至約普通玻璃的6倍。

2.其特點為破損時其破片或粒狀不致傷人，但成品製成後不能再予切割，因此，訂貨時須以精確尺寸訂製，或選用製造廠商之規格尺寸，常應用於建築物門窗及隔間、桌面，櫥櫃層板及商店陳列櫥窗等。

79 試述何謂「普通平板玻璃」？其適用時機為何？

答 1.普通平板玻璃可分為透明平板玻璃及磨砂平板玻璃二種。透明平板玻璃係以機器由熔解窯輥壓軋成表面平滑透明之玻璃；磨砂平板玻璃則以前述之透明平板玻璃使用磨砂、噴砂或腐蝕等適當方法使其中之一表面喪失其原有的光滑度，製成透光而不透明（以減少透視性）之玻璃。

2.普通平板玻璃適用於建築物車輛等之門窗、家具、櫥櫃及其他加工等用途；磨砂平板玻璃亦適用於建築物之門窗、家具、櫥櫃、隔屏等透光而不透明（以減少透視性）之用途。

80 試述何謂「磨光玻璃」？其適用時機為何？

答 1.係經磨光處理，表面十分平滑具有光澤，而幾無波紋之玻璃。

2.適用於高級製鏡用或應用於建築物、家具、櫥櫃、隔屏與車窗用。

81 試述何謂「色板玻璃」？其適用時機為何？

答 1.係將玻璃本身著色，使其永不變色與褪色。

2.其特點為可吸收光之熱能及輻射，以減低太陽光、熱等進入室內，並具濾光效能以降低眩目感，增進視覺上之美觀及舒適感，降低熱耗率，節省冷氣用電並保護室內家具防止褪色及應用於建築物等。

82 試述何謂「鐵絲網玻璃」？其適用時機為何？又鐵絲網嵌入玻璃的方法有哪三種？

答 1.分成壓花及磨平鐵絲網玻璃2種，鐵絲網多用直徑0.4mm以上的龜甲形者，亦有以方格形或斜方格形者。玻璃雖為不燃材料，但一般玻璃於溫度突然上昇情況下其抵抗力甚小，易於破裂，如遇火災即不能防止火燄之燃燒，若於玻璃內嵌入鐵絲網，則形同鋼筋混凝土構造中，鋼筋之效果。

2. 當火災發生遭遇燃燒時，雖玻璃碎裂，但因使用鐵絲網玻璃仍可留在原來位置，以保護建築物內部不直接受外部火之侵害。因此，鐵絲網玻璃為唯一可用於防火門窗的玻璃。

3. (1) 輥壓軋製玻璃過程中，當玻璃仍具塑性時將鐵絲網舖上，並壓入玻璃內，再完成表面平整處理。

(2) 先輥壓製成單片薄玻璃，將鐵絲網舖上，在第一片玻璃上再輥製一片玻璃。

(3) 將鐵絲網固定位置舖設於鑄臺上，再以熔成液狀之玻璃澆置其上製成。

---

83 試述何謂「雙層玻璃」？其適用時機為何？

答 1. 係以2片玻璃隔開，使中間夾層保持一定距離，玻璃四周以特製之金屬帶塗封，然後以無塵、無溼之潔淨熱空氣抽換夾層中之空氣製成。

2. 其特性為具有良好之隔音效果，同時夾層內之潔淨無溼空氣不因玻璃內外溫度差而引起結露狀態。一般常應用在建築物之門窗及須隔音、氣密之場所之裝修。

---

84 試述何謂「玻璃磚」？其適用時機為何？又玻璃磚之施工方式可分成哪二種？

答 1. 其製造過程與雙層玻璃相似，係以前後2片厚約5～6mm之平板壓花玻璃組合而成中空的玻璃磚。且其分成普通玻璃磚及稜鏡玻璃磚2種：

(1) 普通玻璃磚：多用於牆壁開口處之砌疊，有防熱隔音之功能，但不能承擔載重。

(2) 稜鏡玻璃磚：嵌裝於地板作為下層樓採光之用，形狀有圓形及方形2種。光線的分布有擴散型及分光形2種。

2. 其特性除與雙層玻璃相似外，尚可做為砌疊材料使用之。一般常應用在建築物之牆壁採光、隔屏或隔間牆。

3. 其施工方式可分成溼式與乾式2種：

(1) 溼式：用水泥1分、砂3分、石灰1分再加入適當防水劑拌成，用水量宜儘量減少。疊砌方法如空心磚的砌法應力求滿漿，再以白水泥砂漿做勾縫整修，且每隔若干塊豎鋼筋2支，中間以綴合狀鐵絲網補強，楣梁下及兩旁宜做伸縮縫。

(2) 乾式：木工先將木作邊框豎起，將玻璃磚依序疊砌，並於上下周邊空隙填塞夾板，以固定玻璃磚，俟調整好平整度後，將上下左右的勾縫用矽利康（Silicone）填充並修整平順即可。

85 試述預防張貼石材產生白華現象之方法為何？

答 1.勾縫以矽酯膠填縫，以防止滲水入浸。

2.採用防水水泥砂漿敷設底層。

3.勿採用乾拌水泥砂澆水打底之施工法，避免水泥砂漿未能充分拌合，導致日後較易吸水產生水化作用而生白華（吐白）。

4.洞石類石材施工前需將孔隙補滿，背面再塗一層樹脂，正面打蠟或噴透明漆。

86 試述何謂石材張貼之「白華（吐白）現象」？及「剝落現象」？

答 1.白華（吐白）現象：張貼石材若以水泥砂漿為黏著材料，日後經雨水浸淋，水泥砂漿因受雨水浸漬，產生游離石灰水滲出施工勾縫，乾燥後形成白色碳酸鈣汙斑之白華（吐白）現象。如欲防止白華（吐白）現象產生，主要為隔絕水分滲入，或改善水泥砂漿底層與採用乾式施工亦可解決此一問題。

2.剝落現象：由於石材與水泥砂漿之膨脹係數不同，且受熱時先由石材受熱再傳至水泥砂漿，因此經冷熱交互作用致使石材與砂漿產生剝離而掉落，此外鐵件銹蝕破壞亦為石材剝落之原因之一。如欲防止剝落的方法主要需確保石材的穩固，因此施工時需以正確的固定方法施工，並使用不銹蝕之金屬固定鐵件。

87 試述普通在建築工程上使用之紅磚其標準尺寸為何？

答 $230 \times 110 \times 60$mm。

88 試述普通在建築工程上使用之紅磚其等級與規格為何？

答 1.等級：一等品、二等品、三等品。

2.規格：整塊磚、半半條磚、半磚、七五磚、半條磚（接縫磚）、二五磚。

89 試述普通在建築工程上使用之紅磚其標準尺寸、抗壓強度、吸水率為何？又標準施工每m³幾塊？

答 $230 \times 110 \times 60$mm、150kg/cm²以上、15%以下，70塊。

【註】：有關抗壓強度及吸水率：一等品（150kg/cm²以上、15%以下）、二等品（100kg/cm²以上、19%以下）、三等品（70kg/cm²以上、23%以下），因此，答題時請註明為一等品（150kg/cm²以上、15%以下）。另外，一般建築工程常用之估價中，每m²所需紅磚約為60〜80塊，因此，通常用65塊或70塊為主，亦有用75塊者。

---

90 試述砌磚牆施工時應注意事項為何？

答 1.磚塊須選用稜角磚面皆方正，色澤均勻，火候充足者。

2.磚塊係吸水性材料，砌築時為防止磚塊急速吸收灰漿之水分，致使灰漿強度降低，故砌造前應將磚塊浸泡水中5分鐘以上，取出後俟其表面呈適度之乾燥狀態後，再行砌造。反之磚表面若因過度潮溼，則接縫灰漿因吸收過量的表面水，致使水灰比增大而降低強度。

3.磚牆之每皮砌造須絕對水平，牆面必須垂直，為使牆身載重能平均傳達至基礎部分，故於砌築時須沿牆面逐皮拉水平及垂直線，並隨時校正牆身的水平及垂直面。

4.上下兩皮的砌疊必須交互搭扣，換言之；牆身之接縫須以破縫為原則，接縫不得呈垂直線以免產生集中載重，招致牆身不均下陷導致破裂。

5.每日砌磚的高度以1.2m為限，約15皮左右為原則。且每日砌牆收工之處需砌成階梯形接榫（俗稱勾釘），俾便續砌時有良好之接口，鋸齒形接口效果較差，不宜使用。

6.砌磚所用之水泥砂漿，其水泥須符合CNS61.R1之規定，砂除須符合CNS3001.A95之規定外，並須堅實清潔不含雜物，同時所用水質必須清潔不得含有油、酸、鹼、鹽及有機物等有害物。

7.水泥砂漿須以量斗依容積比例配合，並應攪拌勻稱。其耐壓強度f≧50 kg/cm²。拌合後應立即使用，若氣溫在5℃〜27℃，所拌合之泥漿，於拌合後超出半小時者不得使用，在27℃以上所拌合者，於拌合後二個半小時以上者不得使用。

8.每日收工時，須以草蓆、麻布覆蓋牆面，並用水澆溼，防止日曬，並不得在牆上放置重物或步行。

9.砌造完成後應俟灰縫砂漿硬化後再以破布或水沖洗牆面。

---

91 試述空心磚的特性為何？

答 1.因係由工廠機械設備製造，故可大量生產，取材穩定且較廉價。

2.空心磚塊係以蒸氣養護，品質均勻，不易發生裂縫。

3.可利用空心的空間配置建築設備所須之管道。

4.因空心磚塊內係中空,故對於隔音、防熱及隔絕水分滲透等,較具良好之效果。

5.因牆身係以鋼筋及混凝土補強,牆身構築成整體單元,與石構造或磚構造的牆身比較,其耐震、耐久,及防火性較佳。

6.磚塊體積大,中間空心,較普通磚牆節省砌造的人工,且因同體積之相對重量較輕,故可節省基礎的尺度,相對顯得較為經濟。

7.建築物受高度及階數之限制。

8.常因接縫灰漿填充不足,或補強鋼筋配置不當等施工疏忽,致而影響建築物的安全。

92 試述室內裝修工程中,何謂「溼式」與「乾式」工法,且其適用時機與用途為何?

答 1.溼式工法:即施工過程中須使用水為施作媒介物之工法稱之,如:泥水工程、圬工工程、貼面工程等。

2.乾式工法:即施工過程中不須使用到水之工法稱之,如:木作裝修、家具製作、乾式貼面工程、輕隔間施作等。

3.溼式工法適用於泥水與圬工工程施作,或水泥牆面拆除、抹平與面磚地坪之修整、抹平或砌磚牆等時機適用,主要為施工過程中須使用水為施作媒介物,多為泥水與圬工工程使用。

4.乾式工法適用於木作裝修工程及乾式貼面工程等為主,尤其石材牆面若不使產生「白華」(吐白),應使用乾式工法即可避免。

93 試述裝修泥作工程中,灰誌之功用及作業程序為何?

答 (一)灰誌:俗稱麻糬,其功用為量測結構體(地坪、柱、梁、板)之水平與垂直之精準度,並可做為高程及施工校準之基準。在灰誌設置作業前,須先拆模、將欲設置面清掃乾淨,並藉助水平儀及高度計、水線、鉛垂、墨斗等之協助,定出基準點及高程,以進行後續作業。

(二)其作業程序可分內牆柱、內牆面、版(平頂)、梁及地坪等之設置作業:

1.內牆柱立柱灰誌設置:

(1)內牆立柱如為整排,需先整排拉水平出入線,再於每柱面之垂線後設置灰誌。

(2)每面上中下三處,每處二點灰誌。

(3)柱陽角另行設置。

2.內牆面灰誌設置：

(1)天花板及牆面每m²不得少於一個，地坪配合洩水坡度，應考量做灰誌條以控制品質。

(2)垂球或水平尺用鋼釘及尼龍線先設置左右外側基準線，再用尼龍線拉出水平線或補設中間垂線。

(3)以水泥砂漿及馬賽克，並以尼龍線之出入設置灰誌。

(4)一般灰誌之厚度最薄不得小於1cm。

3.窗框、門框邊陽角灰誌設置。

4.目前一般以L型塑膠角條施作灰誌點，較為省工。

5.版（平頂）灰誌設置：

(1)於牆面上設置FL＋100cm之等高墨線。

(2)以牆面上等高墨線為基準，在版牆接頭處版面上設置灰誌，間距每1m²設置一處。

(3)由版牆接頭處拉線，設置一版中間之灰誌，間距為1m²設置一處。

(4)待灰誌養護硬化後，即可施作。

6.梁灰誌設置：

(1)由牆面上等高墨線，丈量至梁側，並於梁側面上設置一等高墨線。

(2)由此等高墨線設置梁底陽角線及梁側頂灰誌。

(3)設置時需注意梁兩側面之等高、垂直、梁底等寬及梁長向之水平。

(4)梁側頂灰誌設置與版灰誌設置需對應。

7.地坪灰誌設置：

(1)測量決定粉刷面高程。

(2)於室內牆面上測量設置等高點，每牆面設置二點。

(3)以尼龍線拉水平線作為基準線。

(4)以基準線為基準於牆腳四周設置灰誌，間距為1m²設置一處灰誌條。

(5)待灰誌養護硬化後即可施作。

94 試述牆面磁磚完成後進行填縫工程，請列舉六種填縫材？

答 純水泥、水泥砂漿、白水泥、石灰、磁磚填縫劑、環氧樹脂、矽利康。

95 試述室內裝修工程施工日報表，須填寫六種主要項目為何？

答 1.重要施工項目完成數量。
2.供給材料使用數量。
3.出工人數。
4.使用機具。
5.工程進度。
6.施工取樣試驗。
7.通知承包商辦理事項。
8.重要事項紀錄。

96 試述室內裝修工程中之天花板之定義及功能與種類各為何？

答 1.天花板：室內裝修工程中用以調整室內高度及型塑美觀、增加空間照明氣氛之構造體稱之。
2.功能：吸音、隔熱、照明、造形、美觀、收頭。
3.種類：輕鋼架天花板（明架、半明架、暗架）、玻纖天花板、礦纖吸音天花板、防火天花板、金屬板條天花板、夾板天花板、矽酸鈣板天花板。

97 試述泥作工程中，控制水平或垂直之相關工具為何？

答 1.水平：連通式、氣泡式及雷射定位水準儀、經緯儀、水線。
2.垂直：經緯儀、垂球、曲尺。

98 試述牆面貼壁紙施工作業之步驟及應注意事項與四種常用之施工工具為何？

答 1.施工作業之步驟：
(1)貼縫：主要用於夾板伸縮縫。將一牛皮紙裁成約2～2.5寸寬的紙條。塗抹漿糊，在塗好的紙上中間，再貼一條約寬1寸之牛皮紙。中間紙不塗漿糊，使外層牛皮紙不直接與夾板伸縮縫接觸。將貼縫之牛皮紙依伸縮縫方向，依次黏貼。底紙乾燥後自然緊繃增加寬度。
(2)底紙：貼法類似勾縫貼法。底紙不要全部塗上漿糊，只塗四邊約3～4cm即可。如不貼底紙，勾縫以補土填平。
(3)布膠裁紙：以漿糊機滾輪轉動方式均勻布膠，再依所需長度將壁紙裁切。

(4)貼黏：依對花與否，將壁紙以垂直方式、由上而下從中間至兩側，以短毛刷推擠刷平，並對花及併接壁紙。

(5)切除：利用刮刀及美工刀，將多餘的壁紙，壓平、並切除。

2.施工應注意事項：

(1)底層應保持平整不可有凹凸狀。

(2)內、外轉角部及各周邊接合處應施工精確，避免產生鼓脹、裂縫、剝離等現象。

(3)合板底板除應特別注意合板類本身及接縫的平整外，尚需防止釘頭突出及生鏽等現象。

(4)釘類應使用鍍鉻、鍍鋅製品，釘入時須將釘頭沒入底層內。

(5)漿糊及黏著劑須依壁紙的種類選用，鋪貼時應特別注意角隅及接縫處不同材料接合之處理。

(6)壁紙之疊接，較薄者約為10mm，質地較厚者則以對接方式為宜，對接以不見接縫的程度為佳。

(7)乙烯基系塑膠布疊接黏著面若侵入空氣，會產生鼓脹現象，故需一面用乾布擠壓，一面依序進行鋪貼。

(8)與天花板、門窗框等之接合部，為了美觀常以裝飾縫或裝飾條收頭。

3.常用施工工具：漿糊機、捲尺、美工刀、短毛刷、刮刀、鋼尺。

99 試述鎳鉻不銹鋼之成分及特性為何？

答 不銹鋼特性由於具有美觀、耐蝕及抗氧化等特性，應用領域甚廣，其依加工材料不同主要可分為加鉻不銹鋼（俗稱400系列）及加鉻與鎳之不銹鋼（俗稱300系列）二大類：

依加工材料區分	成分	材質特性
加鉻不銹鋼（俗稱400系列）	鋼、鉻	具有優越的耐蝕性與高韌性，適用於製造高壓高溫用結構材料，例如廚具、瓦斯噴嘴及渦輪葉片等。
加鉻與鎳不銹鋼（俗稱300系列）	鋼、鉻、鎳	具延展性，易於焊接與加工，故大量用於建築裝潢、化工產業、車輛零件及醫療器具等。

100 試述單液型及多液型塗料之特性為何？

答 1.單液型塗料的特性：

(1)操作簡便、價格便宜、無毒性且可使用時間不受限制。

(2)耐磨性最佳、絕緣性佳。

(3)PU塗料中的耐藥品性及耐久性最差。

(4)厚塗時易生氣泡針孔。

(5)硬化時必須高溫加熱。

(6)多溼環境下,噴塗作業,易生粗糙及起泡塗膜面。

(7)乾燥時間緩慢。

2.多液型塗料的特性:

(1)塗膜富柔軟性,對割痕抵抗性強。

(2)塗膜硬度高,光澤度高,密著性佳。

(3)耐藥品、耐水性、耐磨耗性、耐酒精性、電器絕緣性良好。

(4)多溼環境下,噴塗作業,易生粗糙及起泡塗膜面。

(5)聚異氰酸鹽若為芳香族者,塗膜受紫外線照射,易變黃。

(6)乾烘時間較快速。

(7)厚塗時易生氣泡針孔,且二液型操作不便。

---

101 試述塗裝作業所使用之噴槍的種類及說明為何?

答 以噴塗的塗裝方式而言,噴槍的選用,會直接影響到塗裝效率及塗料的用量,因此選擇塗裝效率較高的噴槍,可說是用最小的成本達到汙染防制的效果。一般傳統為「有氣式噴槍」,另外較高效能的噴槍有:無氣式噴槍、混合式噴槍、靜電噴槍、HVLP噴槍、LVMP噴槍等,在選用上,則需考慮塗裝產品及塗料本身的適用性,如較大面積噴塗,則選用無氣式噴槍,金屬素材則可優先考慮採用靜電噴槍等,另外在塗裝後的清洗保養上也需一併列入考量,因為即使再好的噴槍,若無法好好保養,用後立即清洗,再好再貴的噴槍壽命也會很短。

---

102 試述依勞工安全衛生設施規則規定,說明停電作業之安全措施為何?

答 1.開路之開關於作業中,應上鎖或標示「禁止送電」、「停電作業中」或設置監視人員監視之。

2.開路後之電路如含有電力電纜、電力電容器等致電路有殘留電荷引起危害之虞者,應以安全方法確實放電。

3.開路後之電路藉放電消除殘留電荷後,應以檢電器具檢查,確認其已停電,且為防止該停電電路與其他電路之混觸、或因其他電路之感應、或其他電源之逆送電引起感電之危害,應使用短路接地器具確實短路,並加接地。

4.前款停電作業範圍如為發電或變電設備或開關場之一部分時,應將該停電作業範圍以藍帶或網加圍,並懸掛「停電作業區」標誌,有電部分則以紅帶或網加圍,並懸掛「有電危險區」標誌,以資警示。

103 試述室內裝修工程中，說明丈量與放樣之工具種類為何？

答 1.丈量：捲尺、水準儀、角尺。

2.放樣：墨斗、竹筆、垂球、押尺、角尺、活動架、捲尺、拍尺、水準儀、水平桶、尺高、水線。

104 試述室內裝修工程中常用之估價單位為何？

答 尺、式、坪、平方公尺（m²）、座、、才、立方公尺（m³、方）、碼。

105 試述室內裝修工程中，說明高架地板之施工方法為何？

答 1.於牆面內側面自地面起黏貼防震週邊板至四周圍完全。

2.直角兩側起舖設防震墊，間距依現場設備擺設細部設計，一般從40～60cm，並以角材間隔30cm雙向架起框架。

3.防震墊孔隙以24k玻璃棉1"填充。

4.直角兩側起舖設6分木心板至滿舖。

5.於木心板接縫處施以金屬固定夾（1.0t）固定，並以13mm彈性橫槽固定於木心板上。

6.切除週邊隔離板至RC下1cm，並以防水防霉矽膠填充。

7.將高架地板表面材舖於其上即完成。

106 試述室內裝修工程中，說明地坪採磁磚硬底工法之施工程序為何？

答 1.先將地坪清掃乾淨，後以1：3水泥砂漿打底抹平。

2.俟水泥砂漿層乾後，於其上放樣。

3.檢視磁磚背層是否乾淨或沾染油漬，表層是否完整無裂縫。

4.使用水泥加海菜粉、益膠泥或磁磚專用黏著劑為磁磚舖設之黏著材。

5.俟乾後，使用填縫材加以填縫，並用軟刮刀施工。

6.而後將表面之填縫泥使用沾溼之海綿擦拭乾淨即可完工。

107 試述室內裝修泥作工程中，在牆面磁磚舖設完成後，進行磁磚填縫工程時，請說明有哪些填縫材質？

答 純水泥、水泥砂漿、白水泥、石灰、磁磚填縫劑、環氧樹脂、矽利康。

108 試述室內裝修工程中，說明監工之功能為何？

答 1.監工可分為業主（或發包人）委任監工、工程專任監工及單項工種工務監工。
2.監工之功能：依進度施工、程序施工、依圖施工、成本之控制、塑造良好施工環境及監督施工人員、管理工地安全，協調、解釋有關疑問等。

109 試述預防石材白華現象之發生為何？

答 1.勾縫以矽酯膠填縫，以防止滲水入浸。
2.採用防水水泥砂漿敷設底層。
3.勿採用乾拌水泥砂漿澆水打底之施工法，避免水泥砂漿未能充分拌合，導致日後較易吸水產生水化作用而吐白。
4.洞石類石材施工前需將孔隙補滿，背面再塗一層樹脂，正面打蠟或噴透明漆。

110 試述泥作工程中，有關鏝刀之種類為何？

答 木鏝刀、金屬薄鏝刀、內角鏝刀、外角鏝刀、邊牆鏝刀、鋸齒鏝刀、嵌縫刀、桃形鏝刀、抹縫鏝刀。

111 試述依《營造安全衛生設施標準》規定，說明雇主對於結構物之牆柱等拆除，應依何種規定辦理？

答 1.應依自上至下，逐次拆除。
2.無支撐之牆、柱等之拆除，應以支撐、繩索等控制，避免其任意倒塌。
3.以拉倒方式進行拆除時，應使勞工站立於安全區外，並防範破片之飛擊。
4.無法設置安全區時，應設置承受臺、施工架或採取適當防範措施。
5.以人工方式切割牆、柱等時，應採取防止粉塵之適當措施。

112 試述依《營造安全衛生設施標準》規定，說明雇主對於樓板或橋面板等構造物之拆除，應依何種規定辦理？

答 1.拆除作業中，勞工須於作業場所行走時，應採取防止人體墜落及物體飛落之措施。
2.卸落拆除物之開口邊緣，應設護欄。
3.拆除樓板、橋面板等後，其底下四周應加圍柵。

113 試述依《營造安全衛生設施標準》規定，說明雇主對於構築施工架及施工構臺之材料，應依何種規定辦理？

答 1.不得有顯著之損壞、變形或腐蝕。
2.使用之孟宗竹，應以竹尾末稍外徑四cm以上之圓竹為限，且不得有裂隙或腐蝕者，必要時應加防腐處理。
3.使用之木材，不得有顯著損及強度之裂隙、蛀孔、木結、斜紋等，並應完全剝除樹皮，方得使用。
4.使用之木材，不得施以油漆或其他處理以隱蔽其缺陷。

114 試述依《營造安全衛生設施標準》規定，說明雇主對於管料之儲存，應依何種規定辦理？

答 1.應儲存於堅固而平坦之臺架上，並預防尾端突出、伸展或滾落。
2.應依規格大小及長度予以分別排列，以便取用。
3.應分層疊放，每層中置一隔板，以均勻壓力，並有效的防止管料滑出。
4.管料之置放，應避免在電線上方或下方。

115 試述依《營造安全衛生設施標準》規定，說明雇主對於各類物料之儲存，應依何種規定辦理？

答 1.各類物料之儲存、堆積及排列，應井然有序；且不得儲存於距庫門或升降機二公尺範圍以內或足以妨礙交通之地點。倉庫內應設置必要之警告標示、護圍及防火設備。
2.放置各類物料之構造物或平臺，應具安全之負荷強度。
3.各類物料之儲存，應妥為規劃，不得妨礙火警警報器、滅火器、急救設備、通道、電氣開關及保險絲盒等緊急設備之使用狀態。

116 試述依《營造安全衛生設施標準》規定，說明雇主對於構造物之拆除，應依何種規定辦理？

答 1.檢查預定拆除各部分構件。
2.對不穩定部分應加支撐。
3.應切斷電源，並拆除配電設備及線路。
4.應切斷可燃性氣體、蒸汽或水管等管線。管中殘存可燃性氣體時，應打開全部門窗，將氣體安全釋放。

5.於拆除作業時中如須保留電線、可燃性氣體、蒸汽、水管等管線之使用，應採取特別之安全措施。

6.具有危險之拆除作業區，應設置圍柵或標示，禁止非作業人員進入拆除範圍內。

7.於鄰近通行道之人員保護設施完成前，不得進行拆除工程。

---

117 試述依《營造安全衛生設施標準》規定，說明雇主對於袋裝材料之儲存，應依何種規定辦理？

答 1.堆放高度不得超過十層。

2.至少每二層交錯一次方向。

3.五層以上部分應向內退縮，以維持穩定。

4.交錯方向易引起材料變質者，得以不影響穩定之方式堆放。

---

118 試述依《營造安全衛生設施標準》規定，說明雇主對於施工架上物料之運送、儲存及荷重之分配，應依何種規定辦理？

答 1.於施工架上放置或搬運物料時，避免施工架發生突然之振動。

2.施工架上不得放置或運轉動力機械或設備，以免因振動而影響作業安全。但無虞作業安全者，不在此限。

3.施工架上之載重限制應於明顯易見之處明確標示，並規定不得超過其荷重限制及應避免發生不均衡現象。

4.雇主對於施工構臺上物料之運送、儲存及荷重之分配，應依前項第一款及第三款規定辦理。

---

119 試繪圖說明櫥櫃之門片與側板之關係，有哪二種？

答

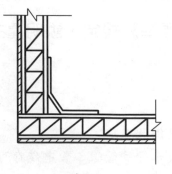

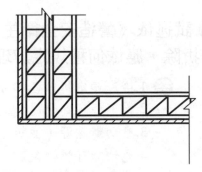

蓋柱　　　　　　　　　　入柱（立柱）

120 試繪圖說明櫥櫃之門片與踢腳板之關係，有哪二種？

答

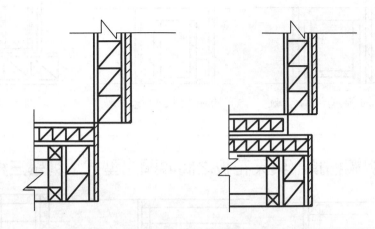

 121 試繪圖輕隔間牆之剖面，並說明其各項組合材料為何？

答

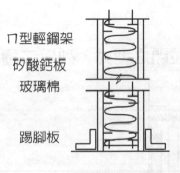

ㄇ型輕鋼架
矽酸鈣板
玻璃棉

踢腳板

輕隔間牆剖面圖

122 試繪圖說明輕鋼架之「明架天花板」與「暗架天花板」？

答 所謂「明架」即其骨架露出者稱之。至於骨架隱藏者稱之為「暗架」。

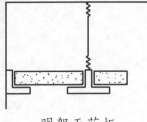

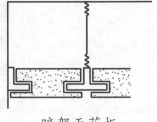

明架天花板　　　　　　暗架天花板

123 試繪圖說明列舉抽屜滑軌之三種型式為何？

答

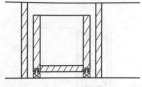 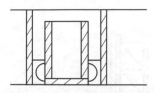 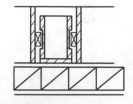

抽屜底板木滑軌　　抽屜側板西德滑軌　　抽屜側板木條滑軌

124 試繪圖說明櫥櫃頂部與天花板之間收頭之型式，列舉三種？

答

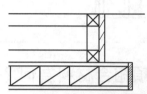 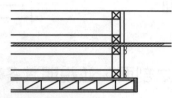 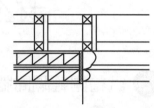

塔頭與結構體相接　塔頭與天花板相接加線板　塔頭直接與天花板相接

125 試繪圖說明櫥櫃推拉門之型式，列舉二種？

答

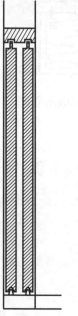 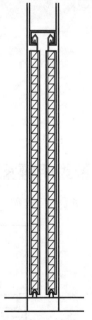

木製門楹與軌道　　　　　金屬滑軌式

126 試述不銹鋼表面加工處理之種類為何？

答 1.No.1（俗稱原面）：熱軋後施以熱處理、酸洗或同等處理。一般用於化學桶槽、配管。

2.No.2D：經冷軋後，實施熱處理、酸洗或其他相當之處理，此外，亦包括利用鈍面處理軋輥做輕度之最後冷加工者。一般使用於熱交換器、屋頂排水管。

3.No.2B（俗稱霧面）：經冷軋後，實施熱處理、酸洗或其他相當之處理，再以冷軋加工使表面為適當之光亮程度者。一般使用於餐具、醫療器材、建築用材料，用途廣泛。

4.BA（俗稱金面）：經冷軋後，實施輝面熱處理。一般使用於廚具、餐具、醫療器材、建築裝飾等用途。

5.No.3（俗稱粗砂）：以CNS3787（磨料粒度）規定之粒度100120號研磨材料研磨加工者。一般用於廚房流理臺面。

6.No.4（俗稱細砂）：以CNS3787（磨料粒度）規定之粒度150180號研磨材料研磨加工者。一般用於醫療設備、建築裝飾等廣泛用途。

7.HL（俗稱毛絲面）：以適當粒度之研磨材料加工而使表面附有研磨條紋者。一般用於建築裝飾，如：電梯、扶梯、門面，用途極為廣泛。

---

127 在地坪之施工中，試繪圖說明「軟底」與「硬底」施工之過程及差異。

答 1.軟底施工：以1：3水泥砂漿直接塗抹於構造體上，並於其上鋪面磚或石材一方面做為黏著材料，一方面做為地坪平整打底之材料之施工方式。

2.硬底施工：先以1：3水泥砂漿打底粉刷使構造體平整，等砂漿乾凝後，再黏貼面磚或表面材之方式。

3.差異性：硬底較費工及費時，且經費預算亦較高，主要乃因其須先打底粉刷後再黏貼面磚，而不像軟底同時打底與黏貼一次完成。

---

128 試比較木作裝修時先釘地板再作隔間及家具與先作隔間與家具，再釘地板之方式之差異性及施工應注意事項為何？

答 1.差異性：

(1)先作地板再作隔間或家具，會較好施工且以後家具更動位置或搬移時，木地板仍在，唯缺點是較費工費料。

(2)先作隔間或家具等木作工程會較省地坪材料、省工，但缺點是遇彎角不易施工，且萬一以後木作工程或家具更動，則底下便無木地板且很難修補。

2.施工應注意事項：

(1)地坪是否乾燥，否則容易翹彎。

(2)水泥地是否「起砂」，若有要改良地面並力求地坪之平整度均齊。

(3)泥水工程或磁磚工程均須先完成，否則會影響地板工程。

(4)門窗應注意，以防雨水滲進且地板防潮層須先處理。

(5)先釘好之木地板須用厚牛皮紙或紙板或紙箱或夾板平舖其上，以利其他工程與工作人員之進行，並可避免木地板受磨損及汙染。

129 在室內裝修工程中，天花板工程有分「明架天花」與「暗架天花」請繪簡圖說明。

答 所謂「明架」即其骨架露出者稱之。至於骨架隱藏者稱之為「暗架」。

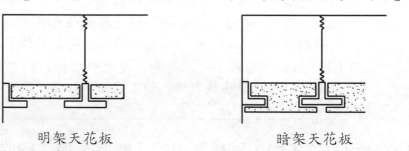

明架天花板　　　　　　　　暗架天花板

130 試述木材之缺點有哪些？

答 節、彎、心裂、輪裂、空洞、變形、其他。

131 試繪簡圖說明木材之節有哪些？

答 合生節、捲入節、枚節、腐節、孔節。

合生節　　　捲入節　　　枚節　　　腐節　　　孔節

132 試繪簡圖說明木材因收縮的不平均，而發生的變形種類有哪些？

答 瓦狀翹曲、掀狀翹曲、駝背翹曲、弓狀翹曲。

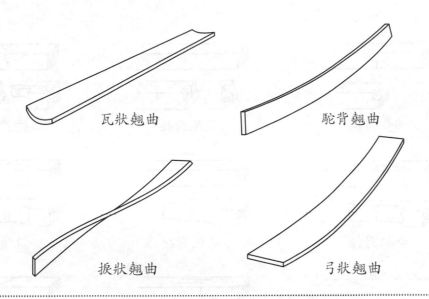

瓦狀翹曲　　　駝背翹曲

撖狀翹曲　　　弓狀翹曲

133 試繪簡圖說明木材裁切的方式有幾種？

答 弦鋸法、徑鋸法。

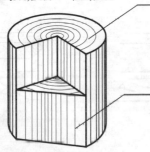

徑鋸法：木材的切面方向沿著木質線，並以縱向方向切鋸。

弦鋸法：木材的切面方向與木質線垂直，並以縱向方向切鋸。

134 一般常用的夾板或木心板之尺寸為何？

答 3尺×6尺、3尺×7尺、4尺×8尺。

135 一般室內裝修之木作裝潢，其木皮薄片的紋路有幾種？

答 1.徑切花紋：切面與線成平行的徑切面，使薄片的面是平行的年輪，好施工但無年輪都是直線，較無變化，即「MaSa花」。

2.弦切花紋：切面與木材的年輪成弦向面，使薄片的面上所留的年輪很多，並成拋物狀或成套角狀，木皮較有變化的面，即「MoGu花」。

136 試繪簡圖說明木構材之接合形式有幾種？

答 對接、搭接、榫接、拼接。以下圖示請各擇一種作答，儘量以自己熟悉的部分多練習繪製。

對接：

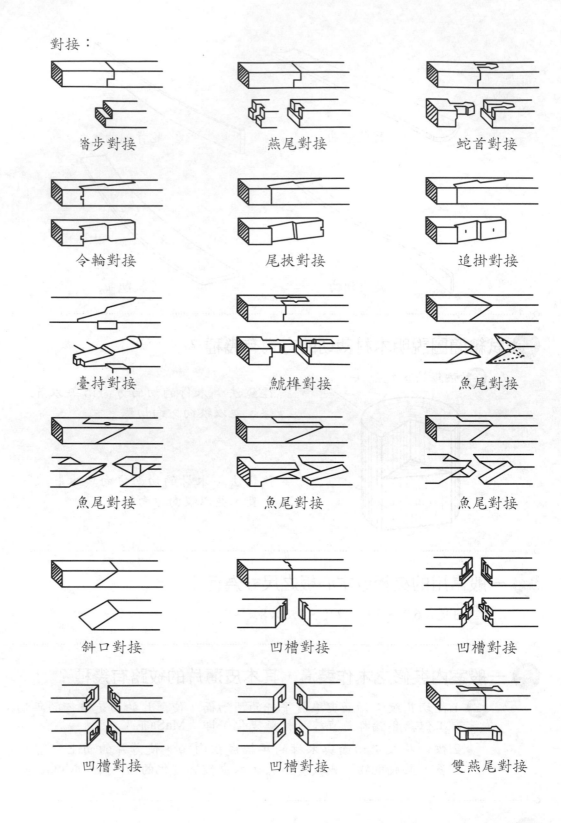

沓步對接	燕尾對接	蛇首對接
令輪對接	尾挾對接	追掛對接
臺持對接	鯱榫對接	魚尾對接
魚尾對接	魚尾對接	魚尾對接
斜口對接	凹槽對接	凹槽對接
凹槽對接	凹槽對接	雙燕尾對接

搭接：

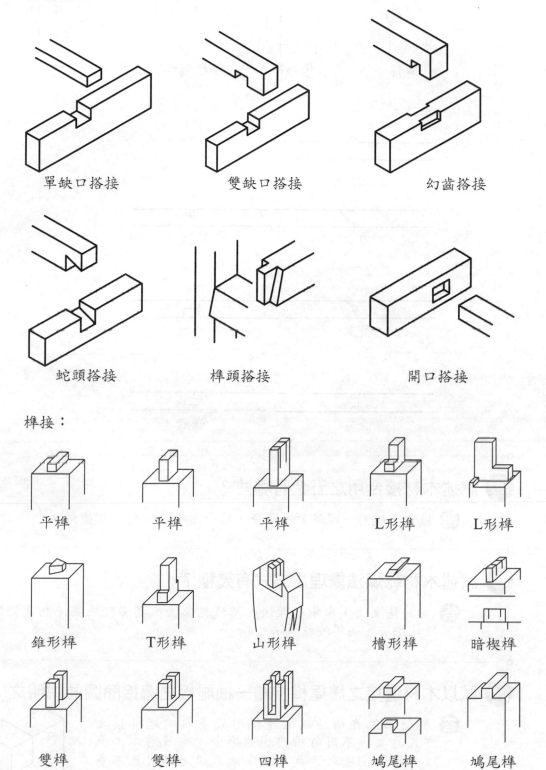

單缺口搭接　　　　雙缺口搭接　　　　幻齒搭接

蛇頭搭接　　　　榫頭搭接　　　　開口搭接

榫接：

平榫　　　平榫　　　平榫　　　L形榫　　　L形榫

錐形榫　　　T形榫　　　山形榫　　　槽形榫　　　暗楔榫

雙榫　　　雙榫　　　四榫　　　鳩尾榫　　　鳩尾榫

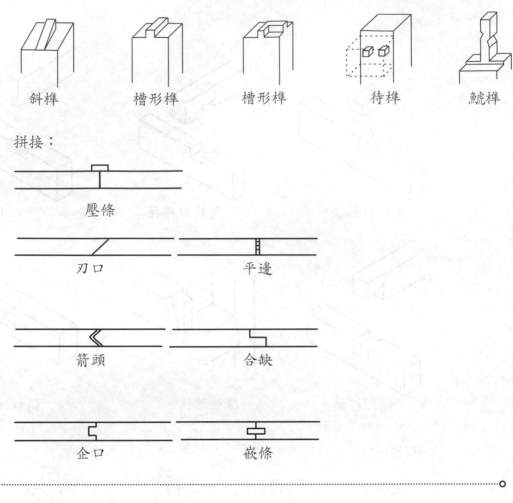

斜榫　　　　槽形榫　　　　槽形榫　　　　待榫　　　　鯱榫

拼接：

壓條

刃口　　　　　　　　　　平邊

箭頭　　　　　　　　　　合缺

企口　　　　　　　　　　嵌條

137 試述木材接合用之五金有哪些？

答 鐵釘、鋼釘、螺絲釘、螺栓、接合圈、螞蝗釘、釘槍釘。

138 試述木材乾燥法處理之方式有幾種？

答 空氣乾燥法、水中乾燥法、蒸汽乾燥法、煮沸乾燥法、熱氣乾燥法、熱煙乾燥法、高周波乾燥法。

139 試以木材邊接之鳩尾榫接繪一抽屜板之邊接簡圖並說明之。

答 早期木工在抽屜板之邊接形式多以鳩尾榫接之方式為之，不用釘槍與樹脂接合。唯目前木工多以釘槍及樹脂之方式處理，鳩尾榫之形式已不多見。

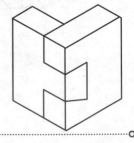

140 試述木材接合部分常形成結構之弱點所在，故其須注意要點為何？

答 1.接合部位應選擇在應力作用最小處，如梁跨約1/4處為梁內彎矩較小的地方。

2.由於部分接合方式須削減構材的部分斷面積，所以在接合處必須注意材料不得有瑕疵。

3.接合部分的施工必須精密準確，不得有鬆動現象。

4.接合部分應用鐵件、木栓或其他方式補強。

---

141 解釋下列名詞？

答 1.通柱：一層以上的木構造，支柱自底層貫通至頂層，上下貫通的整根木柱，稱之。

2.管柱：主構材木柱外，各層支柱並非貫通上下的整根木柱稱為管柱。

3.牆骨：或稱板牆筋、間柱，為支柱與支柱間牆身的小型垂直支承材。

4.圍梁：柱間的連續梁，用來承載梁上部的全部載重並平均分擔於牆骨上並與水平隅撐連接抵抗水平橫力作用。

5.厚條木：為柱與柱間貫穿的水平材，俗稱貫木或水平牆筋。用以承載牆重並將重量傳至牆骨或柱。

6.木柵：橫跨於梁與梁間的小梁。用以承受樓板載重並將重量傳至梁上。

7.木地檻：為置於基礎勒腳牆上的構材。木地檻應以錨栓埋築於勒腳牆中，每根木地檻至少需用兩只錨栓。

---

142 何謂斜撐？請繪簡圖說明斜撐之種類。

答 1.為框架構造中用以抵抗側向橫力作用及角隅、開口部分的補強。

2.依構造上的功能可分為對角斜撐、垂直隅撐、水平隅撐等三種。

對角斜撐

垂直隅撐

水平隅撐

---

143 試述磁磚選定之要點為何？

答 種類、廠牌、材質、尺度、色澤、外觀。

144 何謂承重牆？何謂非承重牆？

答 1.承重牆：指載重之牆壁及承受橫力之剪力牆與帷幕牆。
2.非承重牆：指僅承受自身重量及自身地震力之分間牆。

145 解釋下列名詞？

答 1.皮：砌磚之層數稱之，一層磚稱一皮磚。
2.破縫：又稱破目，即上下皮磚間之磚縫間錯，磚牆之強度磚身大於磚縫故若磚縫不間錯將影響其強度，牆面易自該處產生龜裂。磚縫之破縫距離愈多愈好，最小亦應在0.25B以上。
3.勾縫：清水磚砌好後，正面磚縫深度不一，須在水泥漿尚未完全凝固前用刮縫刀刮深，再用勾縫刀將磚縫勾填成各種形狀。其作用有二，一為防從磚縫透水，一為增加美觀，勾縫須使用防水水泥砂漿以防生白華現象。

146 試繪簡圖說明下列之砌磚法：1.英式砌磚法；2.荷式砌磚法；3.丁砌法；4.無破縫順砌法。

答 1.英式砌磚法：

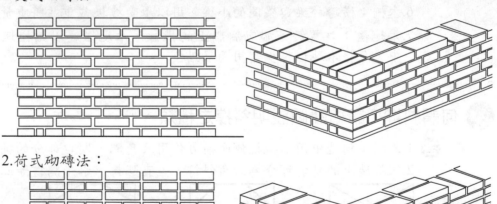

2.荷式砌磚法：

3.丁砌法：

4.無破縫順砌法：

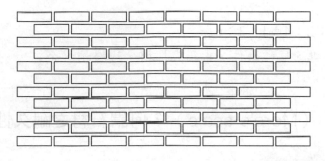

147 何謂施工拱勢？應如何處理，請輔以簡圖說明之。

答 施工拱勢又稱起拱勢，一般可分成建築營造與室內裝修之處理方式。
1.建築營造：通常在組立樓板之模板時，須將樓板之中間部分以起拱勢之方式處理，以因應日後樓地板承受載重後，即可修正成平整之構造。
2.室內裝修：主要針對天花板工程之施工，一為修正視覺效果、一為求得均衡之承載力、另一為因應日後裝設燈具或吊掛其他設備後得以修正成平整之天花板構造。

148 何謂白華？試述貼面工程產生白華之原因與如何防治？

答 （一）磁磚或貼面石於施貼後，在接縫處會溢出白色粉末狀物，此即白華。
（二）原因：無磚縫貼磚與貼石材工程，使用普通水泥與水泥砂漿，由於水泥在凝固化學過程中，產生碳酸鈣與碳酸鎂等石膏成分，遇水溶解溢出表面，形成白華。
（三）防治：
　　1.在水泥或水泥砂漿中入適量飛灰、矽酸鹽等使碳酸鈣等鹽類能再恢復為混凝土成分，或加入防水劑以防雨水之滲入。
　　2.貼石材工程要用空貼法貼砌，並使用白水泥或防水水泥。

3.貼面工程完成經20天俟水泥完全乾凝後，將表面擦拭乾淨，於其上塗一層透明無色保護膜，而常用之保護膜材料有：

    (1)濃明礬水塗數層，塗布時須乾後再塗上一層。

    (2)塗透明無色水泥漆。

4.磁磚使用黏貼法，並改用黏合劑施貼。

---

149 試述石材之接合材料為何？

答 1.水泥砂漿。

2.混凝土：有1：2：4或1：3：6者。

3.接合材料：石榫、螞蝗鐵件、鐵箍與插梢、蝴蝶梢、企口。

---

150 何謂「莫氏尺度」（More's scale）？何謂石材之耐久性？如何測定？

答 1.莫氏尺度又稱莫氏硬度，為測試石材硬度之量測值，數值為1～10，數值愈高表示愈堅硬，其中最硬的是鑽石。

2.石材對於氣候變化之抵抗能力稱之耐久性。

3.以吸水率、凍融試驗、化學作用試驗等為主。

---

151 試述石材施工及使用時應注意事項為何？

答 1.石材是天然的，所以花色每一個都不一樣，故在選購石材時，要注意花色的美感。

2.石材在堆放時，不要被酸鹼有色的液體淋到，如檳榔汁、鐵銹，以免滲到石材的裡面，不易清除。

---

152 試述塗裝應具有之條件為何？

答 1.塗膜具有高度之耐久性，以保護塗體。

2.能節省材料，防止環境汙染。

3.優美的色彩，耐髒易洗。

4.產品之適用性要廣，安全性要高。

5.彩色種類要多，配色要正確。

6.生產過程要簡單，產品價格要低廉。

7.具有良好之施工性。

153 在油漆工程中，何謂「補土」？何謂「批土」？何謂「一底二度」？

答 1.是以填縫劑填補木材因為釘孔所產生的洞，用石膏粉滲土黃色色粉，加白膠混合而成，以填補木材因為釘孔所產生的洞。

2.用石膏粉與白膠的混合，全部面都批過，等乾後用150號之砂紙，裝在手掌式磨砂機上磨光滑。以填補木材表面的毛細孔，增加木材表面的平滑、細膩，並可增加底漆塗料的附著力。

3.先打一層底漆，並用砂紙將不平整之地方磨平後，再上第一度面漆，如發現不平整，應再用砂紙磨平，最後再上第二度面漆，即完成面之面漆此方式即稱為一底二度。

154 試述塗裝時常發生之毛病為何？其發生原因為何？如何補救？

答 1.塗膜流淚、上塗膜無光澤、塗膜發生皺紋、塗膜有針孔溝、塗面凹凸不平、塗膜乾凝不良、塗膜龜裂、塗膜生白膜、塗膜接著不良、顏色不均塗膜鼓起。

2.通常為塗面附有灰塵、油水等、噴槍噴出的空氣中含有水或油、塗裝時氣溫太低或溫度太高、稀釋劑揮發過速或太遲、塗膜不平整、太厚、或表面處理不良等。

3.用磨砂紙將塗面充分磨平後，若有不平整或坑洞不平之處，用油土補平俟乾凝後，再重新塗膜。

155 一般在木作裝潢塗裝時，常發生工人不慎將飲料罐或其他物品，置放於木作裝潢上，致使塗膜產生白膜之現象，請問如何處理？

答 使用防發白噴漆稀釋劑，可避免此現象產生，另外如果已發生此現象，則可用磨砂紙將白膜部分磨光，再重新噴漆即可。

156 何謂膠合安全玻璃？何謂強化安全玻璃？何謂防彈玻璃？何謂鐵絲網安全玻璃？何謂紫外線吸收玻璃？何謂複層玻璃？

答 1.膠合安全玻璃：係二片或二片以上的玻璃，中間夾以強力PVB中間膜，再加熱、加壓使其完全密合，亦稱安全玻璃。

2.強化安全玻璃：簡稱安全玻璃，是將普通玻璃加熱軟化後，在玻璃上吹冷空氣，使其冷卻，玻璃表面逐成壓縮狀，而能增加其強度，其較普通的玻璃耐衝擊，增加約7～8倍。

材料與施工

3.防彈玻璃：使用多層強化玻璃，二片或二片以上的玻璃，中間夾以強力之PVB中間膜，膠合而成，具有超耐衝擊性與耐高壓性，可用於防彈、防爆、舞臺地板。

4.鐵絲網玻璃：在二片玻璃間夾以不銹鋼線網後，以透明膠膜黏合而成，因而具有耐衝擊性，且另有一種美感。

5.紫外線吸收玻璃：由一經過反射膜處理之玻璃，與另一片玻璃，用紫外線硬化性塑膠鋼膠合起來，因具有鏡面的效果，亦能隔絕紫外線的通過，而得名，可防止物體的褪色。

6.複層玻璃：二片或二片以上之玻璃，用特殊的金屬附件將玻璃，以一定的間隔固定四邊，再用強力的黏合劑，將它完全封閉，內部再封入乾燥清新的空氣，其又因中間層的不同，可分為普通玻璃、鏡面玻璃、隔熱玻璃，複層玻璃的優點是隔熱、隔音、可防止溫差所引起的起霧現象。

157 試述目前市面上常用之人工加工玻璃有哪些？

答 雕刻玻璃、彩繪玻璃、鑲嵌玻璃、晶雕（精雕）玻璃、花式玻璃、噴砂（磨砂）玻璃、鑽雕玻璃、裂紋玻璃、絹絲玻璃。

158 試計算玻璃的才積，現有一片玻璃長度為270cm，寬度為300cm，請問其才積為何？若一才為120元，須多少元？

答 270÷30＝9（尺），300÷30＝10（尺）
9×10＝90（才）——①
90（才）×120（元/才）＝10800（元）——②

159 請問為何北部木作裝修工人比較喜歡使用布面砂紙，而南部木作裝修工人比較喜歡用紙面砂紙？

答 因為北部較常下雨，所以紙面砂紙較易因受潮，而不易保存，反之，因南部較不常下雨，且布面砂紙價格亦較貴，所以，北部喜好用布面砂紙，而南部會較喜好使用紙面砂紙。

160 請問何謂「鉛玻璃」？其功用為何？

答 1.鉛玻璃又叫「重火石玻璃」，其乃是在玻璃的原料中加入一定量的氧化鉛（PbO），一般含鉛水晶的鉛比例為24%。

2.可使玻璃的透光率、折射率及手感、質地均較好，且亦可用於射線（如：x光線）之防護使用，通常多使用於醫院。

161 請問何謂「防輻射玻璃」？其功用為何？

答 1. 防輻射玻璃是由兩片玻璃，樹脂玻璃及特殊處理的高性能屏蔽網（遮蔽網）在高溫下合成，其中屏蔽絲網採用聚脂導電絲網，通過特殊工藝處理而成。其比用金屬網製作的防輻射玻璃，具有遮蔽效果高且穩定、透光性強之顯著特點。

2. 對電磁干擾產生衰減，並使防輻射玻璃對所觀察的各種圖形（包括動態色彩圖像）不致產生失真且條紋干擾小，並具有高傳真、高清晰的特點，尤其使用在高科技廠房或醫療機構均適用。

162 請問何謂「防輻射窗簾」？其功用為何？

答 1. 防輻射窗簾係採用化學沉積的方法，在織物纖維的表面「鍍」上一層高導電金屬層，通過織物金屬化所形成的良好導電性能，使織物具有良好的抗電磁波功能，使對電磁波的反射及吸收，進而形成屏蔽（遮蔽）作用。目前較常使用之防輻射窗簾約有三種：合金纖維混紡、多離子織物及金屬化織物等。前二種織物之屏蔽效能約為20～25db左右，金屬化織物其特點為：工作頻率寬、屏蔽效能高、應用領域廣。且其電磁波屏蔽效能高達60db以上。

2. 其性能為：防電磁輻射、防靜電、防紫外線、防風、防水、防汙、防蛀、抑菌、防臭、遠紅外線促進人體微循環等。主要針對孕婦、兒童及老人之照護，另外在高科技廠房、變電站、證券金融業、電視廣播業、防靜電、防爆及軍事機構等輻射汙染熱源區域之工作人員。還有需要抗電磁輻射干擾的及保密的各種儀器、設備、儀表等亦均適用。

163 請問依《消防法》規定自動灑水設備有哪幾種？

答 依《各類場所消防安全設備設置標準》第43條規定：
自動灑水設備得依實際情況需要就下列各款擇一設置。但供第12條第1款第1目所列場所及第2目之集會堂使用之舞臺，應設開放式：

1. 密閉溼式：平時管內貯滿高壓水，灑水頭動作即灑水。
2. 密閉乾式：平時管內貯滿高壓空氣，灑水頭動作時先排空氣，繼而灑水。
3. 開放式：平時管內無水，啟動一齊開放閥，使水流入管系灑水。
4. 預動式：平時管內貯滿低壓空氣，以感知裝置啟動流水檢知裝置，且灑水頭動作時即灑水。
5. 其他經中央消防主管機關認可者。

164 請問金屬樓梯之施作應注意事項為何？

答 1. 製造前應先至工地檢查及丈量現場尺度，製品應依據設計圖及施工圖要求施工組作，組合元件應形狀正確、稜角分明、線條筆直且無瑕疵。

2. 曝露於室外的連接點，應有防水、防鏽及防蝕功能，金屬製造與接合時不得扭曲，避免傷及表面處理，另件不得扭轉過緊。

3. 相關之五金須鑽孔埋設，凡彎曲之金屬應予矯直，植入水泥混凝土結構體之金屬製品，應以錨座固定。

4. 在可行的範圍內，儘量將扣件隱藏，除另有指示外，螺栓與螺釘應以鑽孔及埋頭方式栓繫。

5. 鋼銲接應依照圖說之規定。

6. 銲接不得使表面處理變色或扭曲。

7. 清除表面之銲接殘渣及銲接之氧化物。

8. 本色表面處理依設計圖所示，鍍鋅量至少600g/m^{2}以上，並符合CNS鋼鐵之熱浸法鍍鋅等相關規範。

 165 請問地毯接合施工時應注意事項為何？

答 1. 避免色差。

2. 按原廠批號次序裁剪接合，不可混雜。

3. 地毯背面之箭頭應同向裁剪及鋪設接合。

4. 有圖案之地毯接合處應完全密合。

5. 接合部位應避免於門口部位，以及光線易照射之位置。

6. 接合部位兩端之側邊緣應塗抹乳膠劑。

7. 接合部分之兩側離18"以釘子暫時固定，待接合並乾固後再拔除釘子。

8. 所有接合處之線位應事先以墨線放樣。

9. 為使接合處達到完全之密合，須以踢腳器整合。

10. 地毯完全膠合後，以最少34kg之滾輪來回滾動使底膠與地毯完全密合黏住。

11. 經過整平及滾壓後之地毯，48小時內不准行走使用。

12. 以吸塵器將地面細碎絨毛等雜物吸除乾淨，並鋪以發泡塑膠布於地毯上保護。

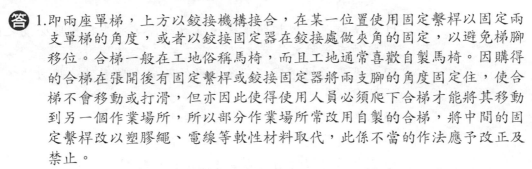

166 請問何謂「合梯」？其種類有哪幾種且其使用範圍為何？

答 1.即兩座單梯，上方以鉸接機構接合，在某一位置使用固定繫桿以固定兩支單梯的角度，或者以鉸接固定器在鉸接處做夾角的固定，以避免梯腳移位。合梯一般在工地俗稱馬椅，而且工地通常喜歡自製馬椅。因購得的合梯在張開後有固定繫桿或鉸接固定器將兩支腳的角度固定住，使合梯不會移動或打滑，但亦因此使得使用人員必須爬下合梯才能將其移動到另一個作業場所，所以部分作業場所常改用自製的合梯，將中間的固定繫桿改以塑膠繩、電線等軟性材料取代，此係不當的作法應予改正及禁止。

2.移動梯、折梯、伸縮梯等種類。

3.一般合梯及移動梯因製造時設計需求不同，具有多種材質，如：金屬、玻璃纖維、木材、竹材等，一般多為輕質材料製成，由於它在使用上極為方便，容易操作及運搬，設備維護亦非常簡單，所以需要臨時性上下設備時，常成為作業場所上之優先選擇，且亦為各類作業場所不可或缺的重要設備，適用於各類作業場所及各種作業的需求。因此，在使用上，除非有其特定用途及使用方式，且經特定設計及製造者，一般用途多以單人使用為合梯原始設計之考量，故以單人使用為宜。

合梯及移動梯一般僅做為上下設備，不得做為作業時的工作平臺，同時亦不得於其上作業。且合梯不得做為移動梯使用，尤其作業位置符合高架作業相關規定時更應特別注意，且避免作業場所中僅有一人獨自作業。

167 請問使用合梯於作業時應注意事項為何？

答 （一）作業前應注意事項：

1.作業人員精神及健康狀態良好，確實可以進行相關作業。

2.所有人員仍應戴安全帽，且遇高架作業時人員亦應佩戴安全帶，安全帶之繫索不得架設於合梯及移動梯上。

3.檢查合梯及移動梯上是否有雜物油汙等可能造成打滑之情形，若有應予清除，作業人員之鞋底亦應檢查保持清潔。

4.檢查合梯及移動梯的各部構件及零件是否堪用，並確實於空曠安全之場所試用之。

5.檢查滑輪組、升降機件、收合機件、固定繫桿、或鉸接固定器是否堪用，若不能固定或操作者，則不應用該設備。

6.滑輪組、升降機件、收合機件部分應每月確實保養。

7.檢查防滑腳座是否磨損，必要時應予更換。

8.架設梯子之地面或樓板面應確實堅固，並試用以確認其地面或樓板面能提供足夠之磨擦力。

9.立面或擬架設之高處支點應確實可供使用及安全無虞可做為支點使用。

10. 相關作業動線應予先行清除，若遇其他作業動線應予排除，並予隔離。

11. 作業前應確認相關電線、電器設備，並先行採取必要之防護、接地或隔離之作業。

12. 作業人員應確實了解各部機件及安全裝置的使用方法，並確保不會誤用。

13. 必要時應先統一各項作業手勢。

14. 手工具等應配掛於工具帶中，不得手持。

15. 人員應了解該梯之載重及使用角度限制。

（二）架設時之注意事項：

1. 架設時合梯應確實將固定繫桿或鉸接固定器確實定位。

2. 若以合梯為工作檯支架時，其設置應依下列規定：凡離地面或樓板面2m以上之工作檯應鋪以密接之板料：

   (1)固定式板料之寬度不得小於30cm，厚度不得小於3.5cm，縫不得大於3cm，其支撐點至少應有2處以上且無脫落或移位之虞。

   (2)活動板料之寬度不得小於30cm，厚度不得小於3.5cm，長度不得小於3.6m，其支撐點至少應有3處以上，板端突出支撐點之長度不得小於10cm，但不得大於板長1/18。

   (3)活動板料於板長方向重疊時，應於支撐點處重疊，其重疊部分之長度不得小於1/20。

3. 折梯應將鉸固定器確實固定。

4. 伸縮梯應將升降鉤確實定位後，方得使用。

5. 單梯、伸縮梯上方有掛鉤者應優先使用，以取得最安全之操作方式，但若掛鉤無法完全使用時，則不應將掛鉤當作支點使用，此時應考慮將掛鉤折下，或伸長前端長度使掛鉤不會變成支點。

6. 單梯、伸縮梯或折梯之架設角度不得超過75°。

7. 無掛鉤之單梯、伸縮梯等設置於平臺時應超過平臺60cm以上。

（三）作業中注意事項：

1. 人員上下梯時不得超過重量限制。

2. 遇有天候不佳（下雨、強風）時，應暫停使用。

3. 遇有安全顧慮時應立即停止使用。

4. 遇地震時應停止使用，地震後應重新檢查設備，必要時需重新架設後，方得使用。

5. 上下梯時雙手均不得持物，工具應配掛於工具帶中並扣好，以避免掉落。

6. 有物料運送時，應待人員定位後由他人傳送，人員不得站在梯上做運搬作業或傳遞物料工具。

7.人員爬至定位後，應將安全帶鉤掛於堅固之物件或繫掛裝置上。伸手不可及之物料工具等，絕對不可強行攀取。

8.伸手不及之處，禁止強行攀爬，應回到地面重新架設。

9.有人員在使用時，任何人不得移動合梯及移動梯。

10.人員不得站立於梯上移動合梯及移動梯。

11.作業區域內，禁止進入。

12.上下梯時隨時注意隨身物品有無妨礙上下或鉤住或觸及安全裝置。

13.合梯及移動梯不得在施工架上使用。

（四）作業後注意事項：

1.檢查各項安全裝置是否仍為堪用。

2.清潔與保養。

（五）配合機具及防護具：

1.安全帶及工具帶應正確配帶，工具帶應能確實將工具固定，不致因碰撞而掉落。

2.其他作業人員及機具應與合梯及移動梯保持距離，避免碰觸。

3.有關作業場所附近電氣設備、機具之接地，感電防護等作業應於作業前完成之。

4.物料運搬應另備方法或運搬機具以完成之。

---

168 請問施工工程中，說明「活線施工」時的注意事項為何？

答 電氣相關作業時應先斷電，避免活線作業；不得已需進行活線作業，務必使用絕緣防護手套或器具，並嚴禁赤腳或赤膊，避免造成感電迴路（如：電流經由手、心臟，再由手、腳或背等，流經大地構成迴路）之致命危害。

---

169 請說明青銅與黃銅的用途與特性為何？

答 1.青銅：

(1)是銅與錫的合金，具有較大之強度及硬度。

(2)特性：青銅之鑄件有優良的機械性質、且具有良好的加工性、冷鍛造性、沖製性，使用於鉚釘、插鎖、拉鍊等。

(3)用途：適用於閥、齒輪、船舶之推進器及一般機械零件等材料、建築用門窗框縫處為防風雨而裝之薄金屬片。

2.黃銅：

(1)是銅與鋅的合金，容易鑄造及加工，價格便宜，使用普遍。

(2)特性：黃銅內部組織呈海綿狀態，在低溫時表面層會有冒汗的現象，切削性、冷間鍛造性良好、延展性佳，具有電及熱的良好傳導性，優美的色澤、優良的耐時性及鍍金性。

(3)用途：適用於磨石子地板的嵌縫條、樓梯踏步的止滑條、門鎖、螺絲、燈飾、插銷、各種五金零件。

伍 室內設計施工圖筆記
（含室內設計快速設計）

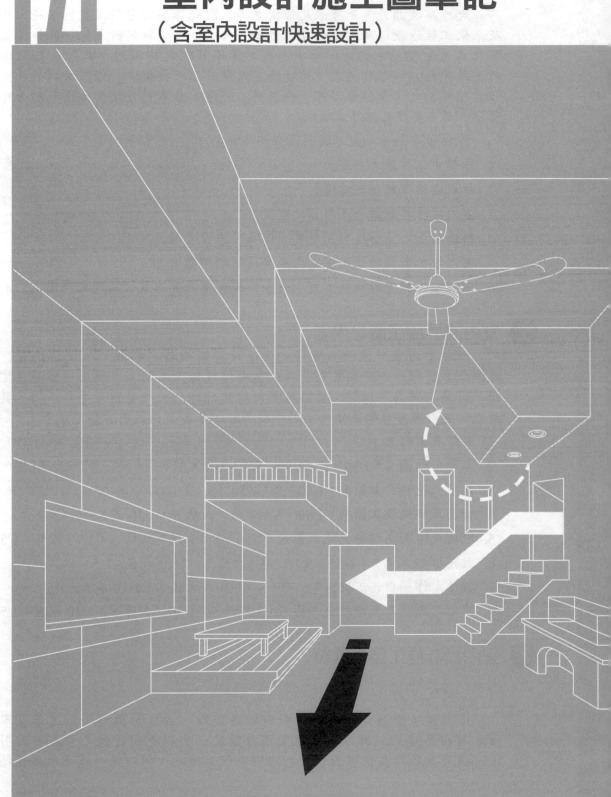

❶ 緒論

　　室內設計除了設計本身之平面、立面、剖面、透視圖外，最重要的圖說即在於各項「施工圖」。施工圖除了使承包裝修工程者瞭解各項施工材料、細節、大樣及收頭外，更可依此估價並將此圖說作為訂定施工契約、施工規範、及未來工程驗收以及工程管理之依據；甚至如有工程糾紛產生，此施工圖說亦可作為呈堂證物。因此，學室內設計者不可輕忽施工圖，此即最好明證。另外，從民國93年起實施之「建築物室內設計乙級技術士」證照考試，其中之工程管理類別之考試科目即有「施工圖」一項，且本科目又與估價契約等結合，所以，其重要性已不可言喻。

　　對初學者而言，施工圖應注意哪些要點？

1. 圖學中三視圖之應用。
2. 材料與施工課程之延續。
3. 室內環境控制觀念及內容之體現。
4. 整體圖面之清晰度與完整度，以及可讀性之確立。
5. 室內設計製圖符號之標準化及共通性之問題。
6. 圖說之材料規範及施工方式是否牴觸建築及室內裝修法規之規定。

❷ 室內設計施工圖之內容

　　一般室內設計依照其案場之大小（空間面積、坪數）、使用性質（私人或供公眾使用）、空間之型態（公寓大樓或透天店鋪）、使用內容（住宅、餐飲、服飾、服務、補教、醫療及其他商業行為）、經費預算等之不同，其施工圖之繪製內容亦有所區分。不過一般而言，基本之圖說內容仍應涵蓋下列：

1. 目錄及索引表。
2. 各層平面圖 S：1/50、S：1/30（S：1/100）。
3. 各層天花板平面圖 S：1/50、S：1/30（S：1/100）。
4. 牆面及隔間施工圖 S：1/50、S：1/30（大樣 S：1/10 或 S：1/5）。
5. 地板及地面高程變更施工圖 S：1/50、S：1/30（大樣 S：1/10 或 S：1/5）。
6. 天花板施工圖 S：1/50、S：1/30（大樣 S：1/10 或 S：1/5）。
7. 各層木作櫥櫃施工圖 S：1/50、S：1/30（大樣 S：1/10 或 S：1/5）。
8. 其他之隔屏或裝修之施工圖 S：1/50、S：1/30（大樣 S：1/10 或 S：1/5）。

❸ 室內設計施工圖之繪製

（一）CNS中國國家製圖標準符號概說

　　中國國家製圖標準符號乃針對建築製圖，因建築圖說必須送建管單位審核方可核發建照。所以，為求製圖符號統一，以免因符號之意義不同引發爭議，損及人民權益與涉及執業之法律問題；因此，制訂統一及標準之建築製圖

符號，以爲因應。然因室內設計及室內裝修一直到民國85年5月29日《建築物室內裝修管理辦法》明訂公布施行後，才正式納入《建築法》之管轄範圍（因爲《建築法》是《建築物室內裝修管理辦法》之母法）。因此，目前之室內裝修審查（供公眾使用建築物其室內裝修之圖說必須送審），仍以中國國家建築製圖標準符號爲範本。此在各層平面、立面、剖面等圖說之表達，殆無疑義。然對於須繪製大量裝修施工圖說之室內設計師而言，如何正確表達施工圖說之材料，卻是一道無解的難題，更遑論天花板圖中之燈具或空調及其他圖示符號了。而此舉不僅影響室內設計教學至鉅，且對室內裝修審查與目前實施之「建築物室內裝修乙級技術士」證照考試均有深遠之影響，嚴重者甚至引起業界之不滿與抗爭，實乃政府有關單位須予正視並儘速制訂「室內裝修施工圖製圖標準符號」，以爲因應。

（二）牆面、地板及天花板之施工圖繪製

此三個部位，一般而言均會涉及建築物之結構安全與建築物公共安全等之問題，且彼此息息相關，因此，不得輕忽此一問題。若純就傳統木作裝修之方式而言，此三者之剖面圖其實是一樣的，只有吊筋之角材長度不同罷了。而且，將天花板之剖面轉90°即是牆面之剖面，再轉90°（即180°）又成爲地板之剖面圖。

往昔以傳統木作裝修時，須先針對欲裝修部位予以下角料（即先釘角材），一般會從牆面一直延伸至天花板及地板。因此，牆面之角材分布與天花板之角材間距通常會是一致的。至於，地板由於涉及承載力及強度之問題，故角材之間距通常視情況予以縮小，一般大都爲牆面之1/2或1/3左右。但若牆面有高櫃，則木工通常會將高櫃之背板當成牆面，並利用塔頭（業界亦有稱「搭頭」者）與天花板銜接，且利用踢腳板（功用與塔頭相同）與地板連接，因此，可節省此部分之天花板與地板之表面材及部分之結構角材。

然而自從《室內裝修管理辦法》公布施行後，所有牽涉建築物公共安全之主要構造（樓地板、承重牆、梁柱），其裝修材料應以防火建材爲主，且必須符合其各部位之最低防火時效。因此，供公眾使用建築物之室內裝修其天花板須使用礦纖天花板（即俗稱之 T-bar 天花）、石膏板或矽酸鈣板等防火建材。至於牆面之壁板，除了120cm（含）以下，其餘應用矽酸鈣板、石膏板、木絲水泥板、水泥板或其他經CNS合格認證檢驗之防火材料。目前僅地板未予規範，然旅館、醫療院所或經內政部指定須要之空間，其地毯須使用經 CNS 合格認證檢驗之「防燄地毯」。

至於木地板方面，一般有分「實木地板」及「銘木地板」。亦有直接使用六分木心板當表面材者，或於木心板或夾板上再貼塑膠地板，甚至油漆。另外，一般商業空間或豪宅，其地板通常喜用花崗石地板或貼進口磁磚（或石英磚），則其施工方式通常分成「軟底」與「硬底」兩種施工方式。而有關其他之「洗石子地板」、「斬石子地板」、「石板地板」、「排卵石地板」（一般腳底按摩步道亦屬之）、「磨石子地板」、「鋪石片地板」等則均屬泥水工程之範疇。除此之外，亦有所謂之 PU 地坪、EPOSY 地坪，爲一般醫療院所、

大型量販店賣場或球場等常用此類型材料，不僅施工迅速、便捷，又可防滑易清洗。還有針對高科技廠房之「無塵室」、「錄音間」、「資訊電腦室」等專用之「高架地板」，或防止振動之「複式地板」（舞廳或演藝廳或舞蹈教室專用）。因此，可知地板之種類依其空間使用性質之不同亦大不相同。

而在「分間牆」（即以往所稱之「隔間牆」）之施作上，一般室內設計師常會將創意動到此構體上。而《室內裝修管理辦法》亦修訂，如經開業建築師或結構技師認為對整體建物安全結構無虞者，方可予以拆除或變更位置。且若拆除或變更「分間牆」將會影響防火區劃，或消防逃生避難動線，或妨礙消防設施、設備之正常運作，經消防技師或開業建築師認定有消防安全之顧慮者，亦不得隨意拆除或變更位置，否則即違反法規須予處罰。「分間牆」早期常見有 1/2B 牆、R.C 牆、夾板牆等，近年來由於房屋之高樓化以及砌磚師傅日漸式微。因此，乾式施工之矽酸鈣板或水泥板或快堅牆等輕隔間系統，漸次取代了傳統的圬工工程。一來由於牆體本身自重輕且又防火、耐震；二來施工便捷快速不受天候及場地之影響，又可日夜趕工，所以目前幾已成為營建與室內裝修市場之主流。而對於部分商業空間甚或高級住宅之室內設計，亦有使用各式隔屏或玻璃隔牆或鐵件等材料，形成不同風格之空間設計。

（三）各式櫥櫃之施工圖繪製

櫥櫃在室內設計及裝修方面可謂占了極大的分量，且不論住宅或商業空間均可發現櫥櫃之存在，只是形式風格甚或功能不同罷了。由於櫥櫃之種類系統繁多，因此僅以一般住宅空間常見之櫥櫃為主，至於其他種類之櫥櫃亦可由此延伸演繹利用基本做法，變換表面材質即可獲得不同形式之櫥櫃。以下即依空間與櫥櫃機能予以分類：

1. 玄關櫃（亦可以鞋櫃取代之）
2. TV櫃
3. 餐具櫃
4. 吧檯（含吊櫃）
5. 床組（含床座、梳妝臺、床頭櫃）
6. 衣櫃
7. 書櫃
8. 檯面書桌

一般區分所謂的高櫃及矮櫃，主要以臺度（120cm）為分界點，小於或等於120cm 者稱為矮櫃，大於 120cm 者即為高櫃。而吊櫃則因為施工方式較複雜，雖然高度通常不超過 120cm，但仍以高櫃計價。至於，一般業界亦有以高低櫃之方式，針對 TV 櫃或餐具櫃及書櫃等不同特殊高低組合櫃之方式來計價。不過在此仍一律以高櫃視之。

通常櫥櫃之基本結構材仍以六分木心板為主體，再輔以其他之表面材或線板予以收邊。至於背板則通常以二分夾板面貼實木皮之方式為之，且門片或層板亦多以6分木心板面貼實木皮之方式處理。亦有以密底板做為層板或門片者，

不一而足。另外，亦可使用強化玻璃來做爲門片及層板，或使用木百葉門片之形式，均可達到設計之要求，端看櫥櫃之使用功能與美觀而定。

六分木心板在木作櫥櫃之裝修中，占有極大之分量且其板料因應櫥櫃之高低亦可分成3'×6'、3'×7'、4'×8'等三種尺寸規格，端視其櫥櫃高低予以不同尺寸之搭配。最主要乃避免浪費材料，造成工程利潤之短少，且避免裝修廢料之浪費資源與形成環保之問題。另外夾板亦有類似之規格以資因應，至於夾板材之厚度則一般常用爲1分、2分、3分、4分、6分等，亦可利用不同厚度之夾板做成「積層（成）材」之形式來取代木心板。

面貼實木皮之板料除可利用油漆染色，亦可以透明漆之方式使呈現木皮本身之紋路及本色。而木紋亦有 MASA 及 MOGU 兩種紋路可供選擇，一般MASA紋路較平順淺顯；而 MOGU 則比較粗獷明顯，端視業主及設計師本身之喜好與設計風格而定，並無對錯之問題。之前坊間曾流行楓木皮之「水波紋安麗格」即屬 MOGU 花之一種，而楓木皮本身即屬 MASA 花之一種。此乃木皮在鋸切時分成弦鋸與徑鋸之差別而已。

另外，抽屜之做法則以現成之4分實木抽屜板先鋸成設計所須之尺寸，待拼接後底層加一塊2分夾板，然後再接一片6分木心板之抽屜頭即完成。不像早期使用鳩尾接之榫頭來做爲抽屜角之銜接方式，可謂時代進步之例證，但此種施工方式較爲牢靠，則仍須視木工之手藝與良心了。

至於，門片的做法則一般會以鉸鍊式或推拉式爲主。主要構材則以6分木心板爲基本材，表面再貼實木皮染色或貼波音軟片（木工俗稱塑膠皮或卡典西德爲一自黏性材質）週邊再予押（壓）條收邊；亦有用木百葉門但邊框仍須用木心板固定，或者使用玻璃門片之做法均可。另外，大型門片或門板亦可分成實木門或 TAICO（以角材或木心板爲結構材雙面黏貼2分夾板面貼實木皮或貼壁紙或直接油漆之形式稱之），端視業主或設計師之主觀意識及經費預算而定。

櫃內之層板可直接用麗光板（木心板表面已貼一層美耐板）或亦可使用木心板面貼實木皮上漆。而有時爲美化櫥櫃或突顯展示效果，亦有使用強化玻璃來充當層板者，而櫃子側面須鑿孔且置入銅珠之母螺絲孔，俟櫃內油漆後再鎖入銅珠之公螺絲即完成，且銅珠孔可依櫃子之使用功能予以高度調整之變化，以方便使用者日後自行調整。

（四）「蓋柱」與「入柱」之做法釋義

一般櫥櫃在設計時，爲考慮到整體搭配並顧及牆面之美觀。因此設計師莫不挖空心思在櫥櫃本身之高度、比例、櫃體本身之分割等下功夫，所以讓櫃子感覺像在做基本設計似的。正因如此，所以對於櫃體之厚度是否會影響整體櫥櫃之美觀，設計師也就不得不斤斤計較了。依循此一概念，木工在處理櫃體之厚度時會根據門片之設計方式，以及設計師對於整體比例之拿捏，因此會有所謂的「蓋柱」與「入柱」之做法出現。

「蓋柱」即是在櫃體本身組立時，利用門片遮掩櫃體之側板的木心板厚度（不過仍留約3分或4分以免影響垂直之線條完整度）。

「入柱」即是在櫃體本身組立時將，櫃體側板之木心板厚度（甚或亦有特別使用「假厚」故意予以突顯者）突顯出來，以強調櫃體之垂直線條使整體櫥櫃較有雄壯威武之感，此做法即稱之爲「入柱」。

至於此二者之間的差別，除施工法不盡相同外，整體觀感自是有別，主要仍屬個人美學素養與見仁見智之問題。

（五）「塔頭」與「踢腳板」之功用及做法

在櫥櫃的設計及施工中，爲避免因地震或外力之影響，以致於使櫥櫃傾倒或損壞，通常較常用的方式爲利用「塔頭」固定在天花板或牆壁，至於地板或牆壁則用「踢腳板」來固定。因此，可知「塔頭」與「踢腳板」之功用其實是一樣的，僅在於使用與施工部位之不同而已。

一般，不論「塔頭」或「踢腳板」大都以6分木心板來施作，並輔以角材作爲固定之結構材；至於表面材則大都爲面貼實木皮上漆之方式爲主。而在業界亦有木工師傅將「塔頭」稱爲「搭頭」者，其意義是相同的。

至於，其大小、尺寸則端視與整體櫥櫃之比例來做調整，一般「踢腳板」之尺寸大都爲10～15cm左右，加上櫃身尺寸剩餘與天花板之間距就可完全由「塔頭」吸收。

（六）門片之做法釋義

一般櫥櫃之門片做法大致可分成「鉸鍊式」或「推拉式」兩種，至於其表面材質則有多種方式可供選擇。大部分乃採木心板面貼實木皮上漆之做法，亦有面貼美耐板週邊用押（壓）條收邊者，或面貼「波音軟片」（塑膠皮或卡典西德）或壁紙（壁布）週邊用押（壓）條收邊。有時爲達通風之效果（如鞋櫃、餐具櫃或電視櫃）改採木百葉門之做法。另外，亦有直接以玻璃門之形式取代傳統木門片之方式，而和室門（秀麗門或休利門或秀字門）則大都爲採用秀麗紙加枳子（即押條或壓條）之形式處理。還有所謂之「TAICO」或實木門之做法，可說不一而足，主要乃端視業主及設計師的巧思與使用之方便與否而定了。至於，門片之把手，一般櫥櫃可用手把或於門板之上面、側面及下面刻一凹槽充當把手。而臥室或房間之門把一般則多用五金手把來處理。還有櫥櫃之門片會在左邊之門片側邊另外釘一片門擋（用2～3分夾板），使門片得以緊密接合。

「鉸鍊式」門片之做法，大都將櫥櫃之櫃身做好，最後再將門片用西德鉸鍊（後鈕）固定在櫃身即完成。

「推拉式」門片之做法，在櫃身須留設一8～10cm的推拉軌道溝槽，使五金軌道可藏在此溝槽中，再將處理完後之門片上置拉軌五金，下置小輪子（目前亦有僅靠上方拉軌固定者，唯較易幌動）或於櫃體上釘一軌道押條，使其門片不至於幌動，以確保推拉門之動作可以流暢順利。此舉尤其在實木門或玻璃門之方式上，更應小心處理以免造成門片之傾頹或鬆動，造成意外。

「TAICO」門片之做法，一般乃使用角材當結構材，表面再包覆夾板或麗

光板（雙面），爲早期木工最擅長之做法。近年來則多以木心板當底材（結構材），將木心板裁成一條狀式的板料再予拼裝成門片之主架構，而後再於其表面貼夾板（雙面），此即所謂「TAICO」的做法。其優點爲質輕、好開關且施工快速、經費便宜；缺點爲容易因氣候變化或溼度過高之情況下，致生變形。

「實木」門片之做法，即整個門片均爲實木拼組而成，一般有工廠大量生產或亦可由設計師設計樣式，再由工廠施作。且其木紋可分成「MASA」或「MOGU」兩種樣式。其優點爲較不易變形、有價值感，缺點則重量較重、經費較貴且必須由工廠製作，較費時。

（七）假厚之做法及使用時機

「假厚」之做法，一般常用於檯面之側邊，因其上之美耐板須有押（壓）條收邊，而木心板僅6分厚不夠與押條密合，因此，須用假厚來處理。且假厚通常會以木心板爲之，端視押條之厚度予以增減。另外，抽屜與門片之間亦須以假厚來區隔，而假厚即成爲抽屜頭與門片之「門擋」，可謂一物兩用。

坊間一般施工圖集，常將檯面之「假厚」繪成 2～3 片木心板疊加之方式。事實上，木工在施工時僅「假厚」之部分疊加而已，並非整個檯面厚度增加，此舉實有說明及釐清之必要。而在開放式層板展式之「假厚」做法，爲使板厚加大通常亦僅在側面予以加厚處理，然此開放式層板若爲固定式，則可將固定之角材利用假厚與夾板予以包覆。而若有欲配燈具者，亦可使用假厚之方式將燈管及線路予以遮掩，使燈管及線路不致於裸露在外，妨礙觀瞻。

（八）天花板圖及其剖面圖之繪製

在室內設計的領域裡與建築比較不同者，乃在於「天花板圖」之部分。一般建築師在建築之圖說方面主要以平面、立面、剖面圖爲主，結構圖則發包予結構技師計算繪製；至於，建築環境控制設備部分則委託電機技師、水電技師、空調技師排配、設計及繪圖。而室內設計之「天花板圖」一般卻由室內設計師總負責，因此，室內設計師不僅要處理木作之部分，且必須針對空調、燈具、線路及開關插座甚至影音設備等部分予以排配及設計並繪圖。所以，室內設計師須整合之部門及參與的工作，甚至所負的責任（因爲臺灣每年發生的火災70%～80%爲電線走火）亦是頗重的。

而所謂的「天花板圖」通常即指天花板之水平投影圖，因此，在「天花板圖」中除了造形外，還須標示燈具之位置、空調之出風口、回風口、偵煙器、自動灑水頭（11F及11F以上之樓層均須設立），高櫃之範圍、高度頂到天花板之分間牆或隔屏，天花板之高度標示、燈具之配線及開關之位置、插座之位置等。

在天花板之高度標示中，一般以CH＝？cm爲主；坊間亦有以地板爲 0，設計之天花板高度爲＋？cm；或直接以原始結構體之樓板爲0，往下降多少爲設計之天花板高度，即天花板高度爲－？cm。不過，近年來則多以CH（Ceiling Height）＝？cm爲標示之方式爲主。至於，地板乃設定爲原結構體之樓板，故高度爲0。毋須考慮地板是否抬高或下降之虞，以免與天花板高度混淆，地板之高度變化則在平面圖及地板之剖面圖再予標示及詳細交代。

另外，在《建築技術規則》針對所謂的「樓高」、「淨高」、「梁深」、「梁寬」等亦有規範。「樓高」：從結構體之樓地板至上一層之樓板高度稱之。「淨高」：即樓高扣掉梁深之高度稱之。「梁深」：梁之高度亦稱梁深（含樓板12cm），一般建築表示R.C梁之尺寸為50cm×70cm（舉例），則50cm表示「梁寬」即梁的寬度，而70cm則表示「梁深」即梁的高度（深度）。因此，在室內設計之天花板設計中，常喜歡以梁底為基準將整個天花板釘平，一方面使整體天花板看來平整；一方面又可包梁以免有傳統風水觀念之「壓梁」的情形出現。且其中的空間可做為管路及線路之排配，並可將燈具重新予以安排，使整體氣氛照明更貼近使用者之需求。

「平頂天花」即將整體天花板以梁底為準，予以釘平之形式稱之。

「立體天花」即針對整體天花板予以不同高度、不同形式，甚至利用假梁之「木閣柵天花」或框架式或逐層退縮式之「藻井天花」均屬之。一般立體天花在施作上較費工費時且單價亦較貴，不過整體感覺卻遠比平頂天花豐富與更具美感。

由於《建築物室內裝修管理辦法》之規定，凡是「供公共使用建築物」之室內裝修須使用防火建材且室內裝修圖說亦須送審。所以，目前常用之材料有礦纖板、石膏板、矽酸鈣板或氧化鋁（鎂）板等防火建材。因此，在造形之變化上也就受限於材質，無法做比較大幅度之變化。

在天花板剖面圖之繪製，可與室內空間之剖立面圖一起繪製，亦可單獨繪製。一般為清楚標示管線、燈具與天花板之關係，仍以單獨繪製較適宜。而在燈具之配置上，原則一迴路以6～8盞燈為主（最多不超過10盞），以免因迴路電流過鉅造成電線線徑不足致引起短路，造成電線走火。而剖面圖亦可顯示天花板與結構體間之關係，對於整體空間之變化亦有助益。坊間亦有將天花板予以噴黑漆，並將管線及各項設備器具完全裸露，甚或亦有以T-bar為骨架上置鐵網者，或以彩繪玻璃、噴砂玻璃或各種不同材質之做法，無非只是讓整體室內空間塑造的更完整、更貼近使用者之期望與概念。

（九）細部詳圖之意義

一般施工圖在主體圖樣完成後，針對部分特殊做法或重要接頭與細部之處理上，通常會以「細部詳圖」或「施工大樣」之方式予以呈現。其比例常以1/10、1/5～1/1之大小，並利用局部放大之圖樣佐以材質或施工說明，規範施工者或讓施工者據以局部之修正，以便日後驗收時之依據，且亦可讓承包者事先了解施工之難易度，在估價時會比較精確不致於含混漫天要價。

細部詳圖並不僅限於木工之部分，有時泥水工程、石材工程、鋼構工程、玻璃工程均有可能亦須提供予承包者。有些特殊工程亦有委請承包施工者繪製「現場施工圖」（shop drawing）然後請設計師認可，並經業主確認方可正式施工。

4 完整施工套圖之內容

　　對於整套之施工圖其涵蓋之內容，通常會依案場之規模大小而有不同，但其基本概念應相差不多。主要之內容為：

1. 目錄或索引表（index）。
2. 案場各層平面圖（S：1/50）。
3. 各層天花板圖（S：1/50）（含圖例及索引、燈具、線路、開關、插座）。
4. 各層天花板剖面圖（S：1/50）。
5. 各層剖立面圖或立面展開圖（S：1/50）。
6. 各層櫥櫃及各項場製家具、隔屏、分間牆、壁板、地板施工圖（S：1/50）。其中各圖樣仍以平面、立面、剖面、細部詳圖及等角圖為主。
7. 材料表。
8. 家具表（現成）。
9. 燈具表。
10. 配色表。
11. 透視圖。
12. 估價單。
13. 合約。

5 施工圖範例

（一）設計內容

1. 玄關
2. 起居空間（客廳）
3. 讀書及作業空間（書房）
4. 睡眠及更衣空間（臥室）
5. 簡單的廚房及用餐空間

（二）圖面要求

1. 平面圖 S:1/50 天花板平面圖 S：1/50（註明燈具數量）
2. 室內剖立面圖 S：1/50
3. 衣櫃施工圖 S：1/30
4. 細部大樣圖 S：1/5

　　以上圖面均應依 CNS 建築製圖標準畫出。

（三）施工圖範例

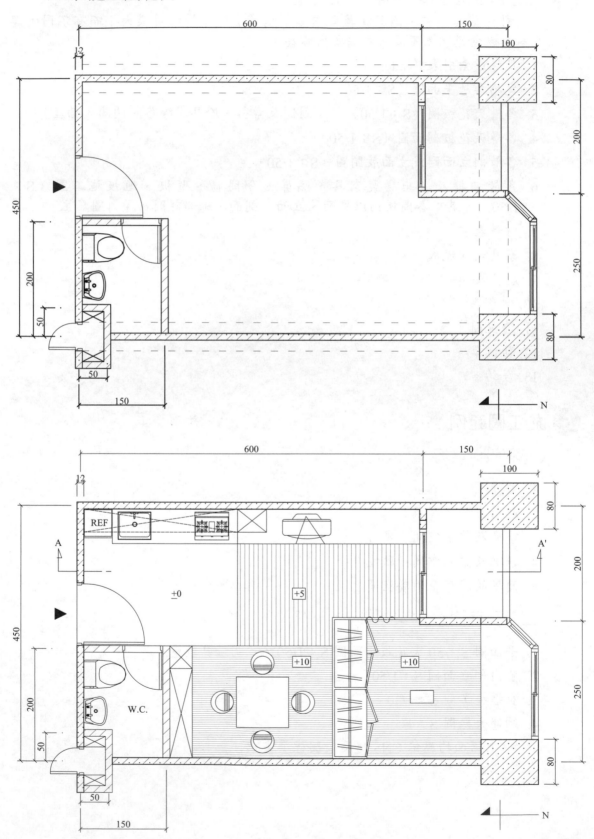

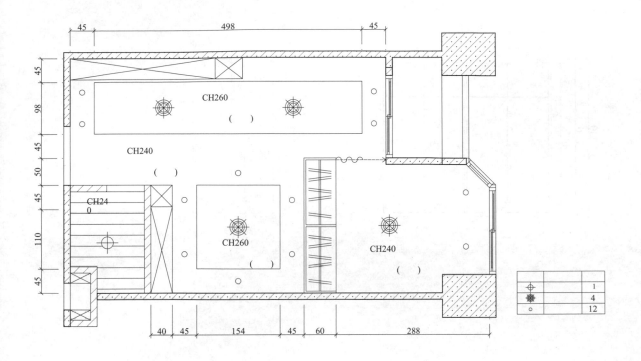

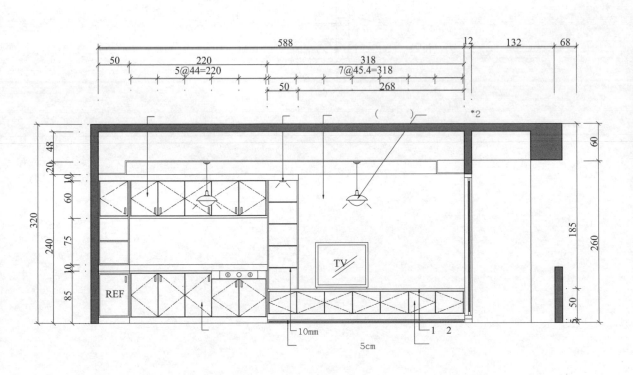

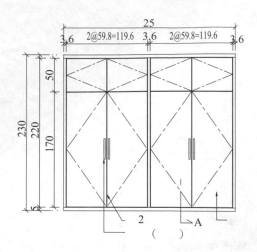

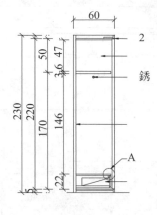

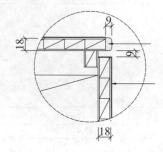

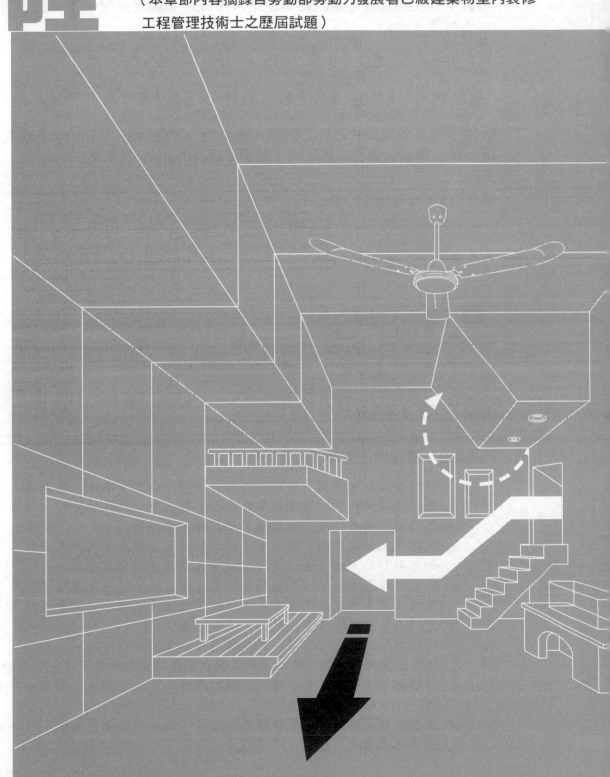

陸 歷年試題整理

（本章節內容摘錄自勞動部勞動力發展署乙級建築物室內裝修
工程管理技術士之歷屆試題）

97年建築物室內裝修工程管理術科試題

A卷試題（題型：圖說判讀、丈量放樣、安全維護、施工機具）

一、依據中華民國國家標準CNS11567-A1042建築製圖規定，下列設備符號代表為何？（5分）

1. ○─┤ 2. ⊖ 3. 馬桶圖 4. ── T ── 5. ✛

答 1.測試出水口　2.雙連插座　3.馬桶　4.電信管線暗式　5.平頂出風口

二、依據下列桌面與門片之施工剖面大樣詳圖，請說明1、2、4、5各部材料名稱，第三項請按圖面位置說明（圖面單位：mm）？（5分）

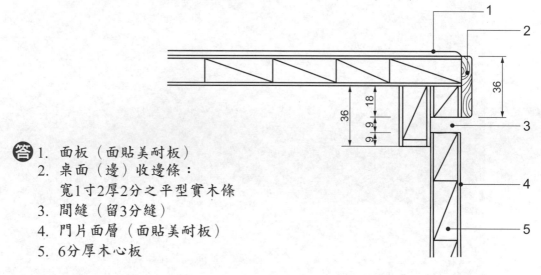

答 1. 面板（面貼美耐板）
2. 桌面（邊）收邊條：
　 寬1寸2厚2分之平型實木條
3. 間縫（留3分縫）
4. 門片面層（面貼美耐板）
5. 6分厚木心板

三、列舉5項放樣時應注意事項。（5分）

答 1. 詳讀圖面所有資料：放樣人員須詳讀圖面內容、高度、位置等。
2. 選擇儀器及精度：放樣技術的進步，要求測量放樣的技術及精準度，為達到所需之精度，放樣儀器之選擇確屬必要。
3. 使用建築物基準測量之成果：建築物內原座標基準墨線及高程水準點如可取得時，儘可能以該測量成果為基準，避免重覆施測。
4. 建立放樣墨線符號：確定標示顏色及應有尺寸，避免墨線混淆不清。
5. 放樣人員應有充分作業默契，彈放墨線謹慎正確，以免發生誤差。
6. 選擇不易震動位置架設儀器，減少誤差。
7. 放樣之場所應清理乾淨，以便彈墨線作業能正確清晰。
8. 進行小墨線或細部大樣測量時，應以基準線引線放樣，避免累計誤差。
9. 預埋配件，由設備業者進行放樣配合施工，並以圖說告知工地負責人（工地主任或專責人員）。
10. 主要放樣墨線及開口部分位置之尺寸，應由工地現場負責人（工地主任或專責人員）核對，確保精度。

四、依據《勞工安全衛生設施規則》第256條活線作業時,勞工應使用哪些器具?(4分)

答 1. 電氣施作人員應戴用絕緣用防護具(如絕緣手套、安全帽、絕緣鞋等),使用活線作業用器具或其他類似之器具,以避免發生感電災害。
2. 使用活線作業器具時,電氣人員的身體或所持的金屬工具材料等導體物,必須和線路間有一適當距離,以保護電氣人員的安全。
3. 電氣施作人員,應持有專業技術證照。
4. 電氣設備應確實接地及裝置漏電斷路器。
5. 應使用電工用絕緣工作梯及絕緣操作棒。

五、列舉6種建築物室內裝修木作工程中量測與畫線手工具。(6分)

答 1. 捲尺　　　　　　　　6. 持平水管
2. 尼龍繩(棉線)　　　7. 垂球(銅垂)
3. 墨斗　　　　　　　　8. 水平儀
4. 角尺　　　　　　　　9. 雷射水平儀
5. 鉛筆

B卷試題:(題型:相關法規、相關施工——裝修木作、裝修泥作)

一、依據《建築物室內裝修管理辦法》第21條規定,室內裝修圖說包含哪些?(5分)

答 《建築物室內裝修管理辦法》第21條,室內裝修圖說包括下列各款:
1. 位置圖:註明裝修地址、樓層及所在位置,其比例尺不得小於1/500。
2. 裝修平面圖:註明各部分之用途、尺寸及材料使用,其比例尺不得小於1/100。
3. 裝修立面圖:比例尺不得小於1/100。
4. 裝修剖面圖:註明裝修各部分高度、內部設施及各部分之材料,其比例尺不得小於1/100。
5. 裝修詳細圖:各部分之尺寸構造及材料,其比例尺不得小於1/30。

二、依《建築物室內裝修管理辦法》第34條,室內裝修專業技術人員在何種情況下,將會被當地主管機關報請內政部,予以警告或六個月以上一年以下停止執行職務處分?(3分)

答 《建築物室內裝修管理辦法》第34條,專業技術人員有下列情事之一者,當地主管建築機關應查明屬實後,報請內政部視其情節輕重,予以警告或六個月以上一年以下停止執行職務處分:
1. 無正當理由拒不參加內政部主辦之訓練者。
2. 受委託設計之圖樣或說明書或其他書件經主管建築機關抽查結果與相關法令規定不符者。
3. 未依審核合格圖說施工者。

三、請依建築法建築技術用語，解釋下列名詞：1.耐火板 2.耐燃材料 3.不燃材料。（4.5分）

答 1. 耐火板（耐燃二級材料）：在火災初期（閃燃發生前）時，僅會發生極少燃燒現象，其燃燒速度極慢，其單位面積的發煙係數低於60，同時在高溫火害下，不會具有不良現象（如：變形，熔化、龜裂等）之材料。

(1) 材料內容：木絲水泥板、難燃石膏板及其他類似之材料，經中央主管建築機關認定合格者。

(2) 材料一般名稱：紙面石膏板、化妝鋁板、木絲水泥板、木粒片石膏板、木質纖維化妝石膏板、耐燃中密度纖維板、阻燃塗料等。

2. 耐燃材料（耐燃三級材料）：在火災初期（閃燃發生前）時，僅會發生微量燃燒現象，其燃燒速度緩慢，其單位面積的發煙係數低於120，同時在高溫火害下，不會具有不良現象（如：變形，熔化、龜裂等）之材料。

(1) 材料內容：耐燃合板、耐燃纖維板、耐燃塑膠板、石膏板及其他類似之材料，經中央主管建築機關認定合格者。

(2) 材料一般名稱：輕質氣泡混凝土磚、木纖維水泥板、玻璃纖維板、木粒片水泥板、蜂巢鋁板、耐燃中密度纖維板、阻燃塗料等。

3. 不燃材料（耐燃一級材料）：在火災初期（閃燃發生前）時，不易發生燃燒現象，亦不易產生有害的濃煙及氣體，其單位面積的發煙係數低於30，同時在高溫火害下，不會具有不良現象（如：變形，熔化、龜裂等）之材料。

(1) 材料內容：混凝土、磚或空心磚、瓦、石料、人造石、石棉製品、鋼鐵、鋁、玻璃、玻璃纖維、礦棉、陶磁品、砂漿、石灰及其他類似之材料，經中央主管建築機關認定合格者。

(2) 材料一般名稱：玻纖複合人造石、矽酸鈣板、水泥礦纖板、石膏複合板、爐石礦物板、礦物纖維板、木質纖維化妝石膏板、珍珠岩板、輕質混凝土板、礦纖矽酸鈣板、鋼板貼覆石膏板、蛭石板、岩棉板等。

四、某業主甲，欲將其原經營之複合式餐飲店，進行空間之整體裝修，試問其行設計裝修前應注意哪些相關法規問題？1.依建築技術規則規定，本場所屬於哪一類建築物之範圍？ 2.依建築技術規則規定，試問進行整體室內裝修時，其所使用之內部裝修材料有受何種限制？（5分）

答 1. B3類
2. 居室或該使用部分：耐燃三級以上。
通達地面之走廊及樓梯：耐燃二級以上。

五、依下列施工程序提示，正確排列以角材為吊筋之6mm厚（2分）夾板（4呎
　　×8呎）平頂木作天花板施工程序。（角材為3公分(cm)×3.6公分(cm)）
　　（3分）

　　1.釘6mm（2分）夾板（含預留伸縮縫）

　　2.準備木製樓梯或搭施工架

　　3.釘牆壁四周角材

　　4.定水準點

　　5.釘中間縱向角材（間距4呎）

　　6.使用墨斗定水平線

　　7.吊筋與中間縱材釘接合（含拱勢）

　　8.釘中間橫向角材（間距40cm～60cm）

　　9.釘吊筋

　　10.釘牆壁飾條

 4、2、3、6、5、9、7、8、1、10。

六、簡述軟底砂漿施工方法。（4.5分）

 1. 首先於施工地點測出水平最高點，以此點在每面牆以墨線彈出水平
　　　線，判斷需打掉地面凸超高水平面的地面（砂漿底層不可高於4公分以
　　　上，確保底層強度）。
　　2. 在混凝土樓面以清水噴洗並以水泥漿刷洗地面，促使打底時更能密合
　　　於混凝土樓面。
　　3. 黏貼不同規格磁磚，應先行規畫平面圖。
　　4. 以水泥砂比例1：3攪拌均勻成乾式水泥砂，自第一排基準面，每次以
　　　1m²以內面積下料，並以木鏝刀抹平打底。
　　5. 再以水泥高分子樹脂黏著劑加水攪拌成土膏水，將土膏水撥入已打底
　　　好之乾式水泥砂，使其產生水化作用。
　　6. 將磁磚底部抹上黏著劑，置放於抹平的水泥砂上，以木槌槌平，經水
　　　平儀確認後，再施作下一片磁磚。
　　7. 地面施工時，應注意排水管之位置及排水之水平線。
　　8. 每貼一排則用海綿清洗磁磚表面。
　　9. 磁磚貼作完成，須24小時後，再以填縫劑進行填縫。
　　10. 填縫完成後，以海綿沾清水，將磁磚擦洗乾淨，並以乾淨抹布擦拭表
　　　面打亮。
　　11. 維護表面完畢後，仍需木作、油漆、裝潢等工程，務必全面鋪蓋瓦
　　　楞紙。

C卷試題：（題型：相關施工作業──裝修木作、裝修泥作、裝修塗裝、金屬工程、玻璃及壓克力安裝作業、壁布壁紙窗簾地毯施工作業）

一、請參閱附圖一及下述材料明細表，表中英文代號為尚未完成之名稱、尺寸、數量或材質，請依英文代號正確條列回答（所有尺寸以精準尺寸為主，不含損耗量）（4分）

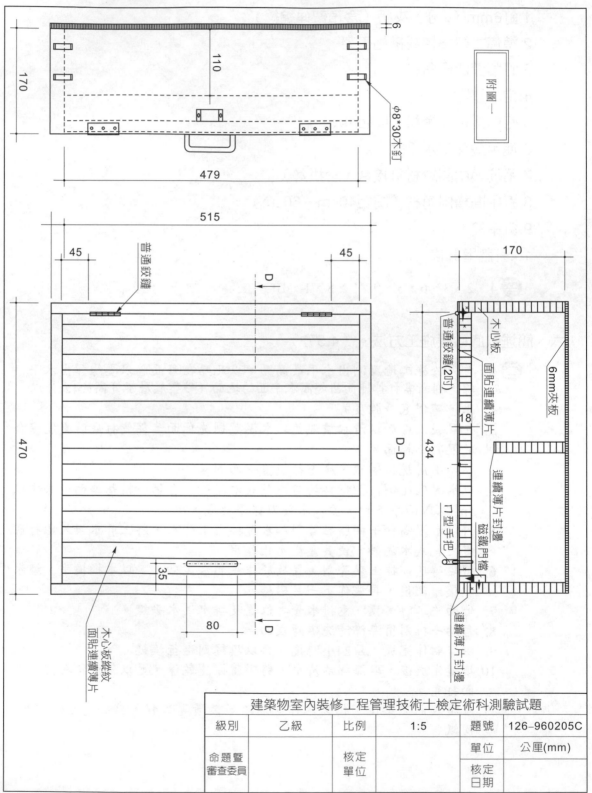

附圖一

建築物室內裝修工程管理技術士檢定術科測驗試題					
級別	乙級	比例	1:5	題號	126-960205C
命題暨審查委員		核定單位		單位	公厘(mm)
				核定日期	

05C1材料單

序號	名稱	尺寸（長×寬×厚）	數量	單位	材質	備註
1	上下（頂底）板	515×170×18（mm）	（A）	片	木心板	
2	左右側板	（B）	2	片	木心板	
3	門板	（C）	1	片	木心板	
4	隔板	（D）	1	片	木心板	
5	背板	（E）	1	片	（F）	
6	門片薄片	（G）	1	片	薄片	
7	封邊薄片	4203×18（mm）	1	條	薄片	
8	普通鉸鏈	2寸	1	組	金屬	
9	門把		1	個	金屬	
10	磁鐵門檔		1	組	金屬	
11	木釘	直徑 8mm×30mm	（H）	個	木質	

🈷 (A) 2
(B) 434×170×18
(C) 479×434×18
(D) 479×110×18
(E) 515×470×6
(F) 夾板
(G) 479×434
(H) 4

二、簡述砌磚的注意事項？（4分）

🈷 1. 所有砌磚應符合國家標準之規定。
  2. 砌磚之前磚塊宜充分浸水，直到使磚塊呈面乾飽和之狀，以免砌築時因磚塊乾燥而吸收砌磚用的水泥砂漿的水分，進而影響到水泥砂漿的強度。
  3. 砌磚應從牆角砌起，若有交接之處亦應同時開始。
  4. 每皮磚牆應絕對水平且牆身需垂直，拉水線校正。
  5. 砌磚時不得在門窗處臨時中斷。
  6. 每日砌築高度應以15皮（或1.2m）為限，且增身之續接處應砌成階梯狀。階梯之長度不得小於1m，最上一級不得少於25cm。
  7. 上下兩皮之豎縫不得在同一垂直線上，最小應以1/4B的搭頭配合之。
  8. 砌好未乾的磚牆不可承受重力或人行於其上，並需以草蓆或麻袋浸水覆蓋之，以防日晒。

三、請簡述下列建築物室內裝修塗裝工程中塗膜缺陷發生之原因及防治對策：
1.垂流 2.變色。（4分）

答 1. 垂流：
(1) 漆油稀釋時，過度稀釋。
(2) 塗刷時沾料太多，或塗刷過厚等，而造成垂流。
解決方法：漆油稀釋應正確，塗刷時，應注意沾料使用數量，均勻塗布，如有垂流現象，待乾燥後剷除重刷。
2. 變色：
(1) 塗料品質不良：塗料沒有保持一定品質，導致塗膜產生色差。
(2) 塗裝方式沒有標準化：沒有維持一定膜厚或厚薄不均。
(3) 氣候變化：有時氣候變化，導致塗膜乾燥速度改變，引起色差，特別是銀漿塗料更明顯。
(4) 調漆不良：沒有充分攪拌或溶劑比例不對，均可能導致色差。
解決方法：針對各種可能產生色差的原因進行分析，再逐一改善。

四、試說明俗稱黃銅、青銅等金屬有何不同特性及用途？（4分）

答 1. 黃銅：是銅與鋅的合金，其機械性能和耐磨性能好，可用於製造精密儀器、一般裝飾品、電器材料。
2. 青銅：是銅與錫的合金，青銅的熔點比銅低，硬度高，容易融化和鑄造成型，它有「熱縮冷脹」的特性，雕像大多以青銅為材料，獎牌、勳章等。

五、試說明強化玻璃、複層玻璃之材料特性。（4分）

答 1. 強化玻璃：係將平板玻璃加熱至軟化點時，再作均勻而急速的冷卻，使其表面受到壓縮應力，處理後其抗衝及抗彎曲強度可增至約普通玻璃的6倍。
2. 複層玻璃：雙層玻璃系以二片玻璃隔開，使中間夾以透明塑膠膜膠，並保持一定距離，玻璃四周以特製金屬帶塗封，然後以無塵無濕氣之純淨乾燥空氣抽換夾層中之空氣製成。
使用時機：馬路邊窗戶、大樓窗戶、便利店裡的冰櫃。
特性：隔音、隔熱、防止結霜。

六、依序簡述滿鋪地毯施工程序。（5分）

答 1. 準備工作：
(1) 將地毯全面展開於室溫，並保持至少24小時以上，將黏著劑置放於室溫，並保持至少24小時以上。
(2) 所有地板表面之任何雜物如臘、油類、砂礫、灰塵等徹底清除洗

刷乾淨，並以強力吸塵器清除灰塵屑物。

(3) 地面有裂縫、凹凸不平、地沙或脫殼現象，應先處理平整。

(4) 對施工有影響之場地情況，均應先加勘察排除，並須在場地情況合乎施工條件下，水電、空調及管線等隱蔽部分，檢驗完成後，方可開始各種地毯鋪裝工作。

(5) RC樓地板面必須乾燥，濕度會影響黏著劑之接合效果，施工前應保持場地空氣流通，以維持地面乾燥，假若濕氣過重則可使用空調系統或電熱器使空氣乾燥。

(6) RC樓地板面需有60天以上乾燥時間，始可鋪設地毯。

2. 施工要求：

(1) 測量場地之實際尺度，以確定可依地毯設計圖示鋪設。

(2) 在樓地面以V形刮刀塗抹黏著劑。

(3) 上膠後不能立刻黏著，應等10～30分鐘左右，並視膠之接合力情況，再行鋪設地毯。

(4) 二塊地毯之接縫接合時：

a.避免色差。

b.按原廠批號次序裁剪接合，不可混雜。

c.地毯背面之箭頭應同向裁剪及鋪設接合。

d.有圖案之地毯接合處應完全密合。

e.接合部位應避免於門口部位，以及光線易照射之位置。

(5) 黏著劑：

a.材質為壓克力乳狀黏著劑，屬水溶性。

b.耐火性：符合CNS規定。

D卷試題：（題型：裝修工程管理──裝修工程估算表編製、裝修工程表格之填寫、工地安全衛生、申請建築物室內裝修竣工查驗及驗收、輕隔間及天花板施工作業、水電工程作業）

一、現有空間長12m寬7m高度3.6m之空間，若不考慮其開口部空間（4分）試問：

　　1.地坪共計有多少平方公尺？合計有多少坪？

　　2.四面牆面與天花全部油漆共計多少坪？

　　3.若僅做兩面長邊壁板工程，採用4尺×8尺之矽酸鈣板，共計需多少片？

　　答 1. $12 \times 7 = 84m^2$；$84 \times 0.3025 = 25.41$坪

　　　 2. $(12 \times 3.6) \times 2 + (7 \times 3.6) \times 2 + (12 \times 7) = 220.8$；$220.8 \times 0.3025 = 66.79$坪

　　　 3. $(12 \times 3.6) \times 2 \div [(4 \times 0.3) + (8 \times 0.3)] = 30$片

二、建築物室內裝修工程管理於施工過程中所有資料需進行管理，並希望可在最短的時間內提供最新、最可靠的數據，請舉出致少5個工地檔案管理的主要項目。（4分）

答 1. 重要施工項目完成數量
2. 供給材料使用數量
3. 出工人數及機具使用情形
4. 施工取樣試驗紀錄
5. 通知承包商辦理事項
6. 重要事項紀錄
7. 審（覆）核

三、依據營造安全衛生設施標準的規定，噴漆作業場所的勞工安全衛生考量為何？（4分）

答 1. 不得有明火、加熱器。
2. 不得有其他火源發生之虞之裝置或作業。
3. 在該範圍內揭示嚴禁煙火之標示。

四、室內裝修工程完工後，應由哪些人項審查機關申請竣工查驗之合格證明文件？（4分）

答 1. 建築物起造人
2. 所有權人
3. 使用人
4. 會同室內裝修從業者並檢附下列圖說文件：
   (1) 申請書
   (2) 原領室內裝修審核合格文件
   (3) 室內裝修竣工圖說。
   (4) 其他經內政部指定之文件。
   向原申請審查機關或機構申請竣工查驗合格後，向直轄市、縣（市）主管築機關核發之合格證明。《建築物室內裝修管理辦法》第29條，室內裝修工程完竣後，應由建築物起造人、所有權人或使用人會同室內裝修從業者向原申請審查機關或機構申請竣工查驗合格後，向直轄市、縣（市）主管建築機關核發之合格證明。

五、請繪製一小時防火時效輕隔間牆施工圖及其材質說明。（4.5分）

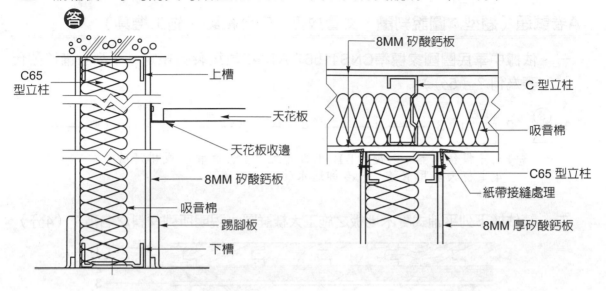

六、依《屋內線路裝置規則》名詞定義，解釋下列名詞：（4.5分）

1.絞線 2.實心線 3.接戶線 4.分路開關 5.接地線。

答 1. 絞線：由多股裸線扭絞而成之導線，又名撚線。
2. 實心線：由單股裸線所構成之導線，又名單線。
3. 接戶線：由屋外配電線路引至用戶進屋點之導線。
4. 分路開關：用以啟閉分路之開關。
5. 接地線：連接設備、器具或配線系統至接地極之導線。

98年建築物室內裝修工程管理術科試題

A卷試題（題型：圖說判讀、丈量放樣、安全維護、施工機具）

一、依據中華民國國家標準CNS11567-A1042建築製圖規定，下列設備符號代表為何？（5分）

1. ⓢ△ 2. 長形 [T] 3. —— S 4. ——TV 5. —— CWS ——

🈶 1.警報發信器　2.長形T-BAR日光燈　3.蒸氣管（或排汙管）
4.電視天線用管線　5.冷卻送水管

二、請依據下列平鋪式實木地板之施工大樣詳圖，說明所列材料之名稱？（4分）

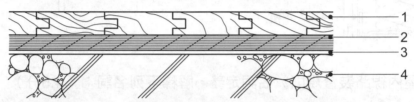

🈶 1. 24mm實木無塵企口板
2. 12mm夾板釘平
3. PE布或不織布防潮層
4. 橡皮墊（防振、隔音用）
5. RC樓板或鋼筋混凝土地坪

三、內裝之磁磚施工，常需切割以獲得適當的磚縫對線，藉以達成美感之效果；請繪製簡圖，分別說明磁磚水平向與垂直向之放樣方法。（8分）

🈶 1. 橫線基準法（水平向）：
(1) 上端基準法：一般運用在牆壁或地板磁磚之作法，以牆壁或地板之上緣為基準，依序排列貼布下來，最下緣之下方磁磚如無法整塊貼滿，則予以切割。
(2) 下端基準法：一般運用在牆壁或地板磁磚之作法，以牆壁或地板之下緣為基準，依序排列貼布上去，最上緣之上方磁磚如無法整塊貼滿，則予以切割。

2. 縱線基準法（垂直向）：
(1) 中心線分割法：一般運用在牆壁或地板磁磚之作法，以牆壁或地板之中心線為基準，依序向左右排列貼布上去，最外緣之左右方磁磚如無法整塊貼滿，則分別予以切割。
(2) 兩側分割法：一般運用在牆壁或地板磁磚之作法，以牆壁或地板之左側或右側為基準，依序向右邊或左邊排列貼布上去，最外緣之左右方磁磚如無法整塊貼滿，則予以切割。

四、請說明手提電鑽正確的使用方法及安全注意事項？（4分）

1. 鑽頭鬆緊一定要選用合乎規格型式的扳手。
2. 在啟動電鑽開關前，電鑽一定要握牢。
3. 電鑽不用時或更換鑽頭時應先關掉電源再放下。
4. 收工時，鑽頭應先卸下。
5. 對鑽頭施壓，力量要適中，因為力量太大可能折斷鑽頭或降低鑽頭運轉速度，太小則鑽頭容易磨損。且在快鑽穿時，壓力一定要輕，以便順利穿孔。
6. 鑽削小型工作物時，工件應用夾具固定，絕對不可以用手握持鑽削。
7. 使用電鑽時，切勿穿著寬鬆衣服、繫領帶、圍巾、戴手套，長頭髮亦應綁好。

五、列舉四種建築物室內裝修木作工程中常用之手工鋸切工具？（4分）

框鋸（臺灣鋸、橫切鋸、縱切鋸）、雙面鋸、夾背鋸、線鋸（弓形線鋸）、折合鋸（合鋸）、美工刀等。

B卷試題：（題型：相關法規、相關施工——裝修木作、裝修泥作）

一、依據《各類場所消防安全設備設置標準》第13條的規定，各類場所於增建、改建或變更用途時，其消防安全設備之設置標準為何？（4分）

1. 其消防安全設備為滅火器、火警自動警報設備、手動報警設備、緊急廣播設備、標示設備及避難器具者。
2. 增建或改建部分，以本標準（中華民國八十五年七月一日）修正發布施行日起，樓地板面積合計逾1000m²或占原建築物總樓地板面積1/2以上時，該建築物之消防安全設備。
3. 用途變更為甲類場所使用時，該變更後用途之消防安全設備。
4. 用途變更前，未符合變更前規定之消防安全設備。

二、建築物室內裝修施工業者依室內裝修圖說施工時，若有變更設計之情形，依據《建築物室內裝修管理辦法》第27條規定哪些情況之下可以在竣工後，一次報驗？（4分）

1. 不變更防火避難設施。
2. 不降低原有使用裝修材料耐燃等級。
3. 不降低分間牆構造之防火時效。
4. 不變更防火區劃。

三、經中央主管建築機關認可綠建材材料之構成，至少符合五項規定？並說明其內容？（5分）

　答 1. 塑橡膠類再生品：塑橡膠再生品之原料須全部為國內回收塑橡膠，且回收塑橡膠不得含有行政院環境保護署公告之毒性化學物質。
　　 2. 建築用隔熱材料：建築用的隔熱材料其產品及製程中，不得使用蒙特婁議定書之管制物質且不得含有行政院環境保護署公告之毒性化學物質。
　　 3. 水性塗料：不得含有甲醛、鹵性溶劑、汞、鉛、鎘、六價鉻、砷及銻等重金屬，且不得使用三酚基錫（TPT）與三丁基錫（TBT）。
　　 4. 回收木材再生品：產品須為回收木材加工再生之產物。
　　 5. 資源化磚類建材：資源化磚類建材包括陶、瓷、磚、瓦等需經窯燒之建材。其廢料混合配之總和使用比率須等於或超過單一廢料參配比率。
　　 6. 資源回收再利用建材：資源回收再利用建材係指不經窯燒而回收料參配比率超過一定比率製成之產品。
　　 7. 其他經中央主管建築機關認可之建材。

四、室內裝修施工現場，經常會發生倒塌類型之災害，寫出五項與此類災害相關之主要作業？（5分）

　答 1. 隔間拆除。
　　 2. 施工架組配及拆除。
　　 3. 泥作施工（尤其是壁面貼磁磚工程或分間牆之砌磚工程以及高樓層之磚塊吊運作業）。
　　 4. 木作（尤其是櫥櫃、天花板造形、造形隔屏及材料進場之堆放作業）。
　　 5. 大型家具之運搬（吊運）及安放作業。
　　 6. 自來水、供水系統之配管工程（尤其是牆面配置管線）。
　　 7. 照明、空調、音響、插座、開關、衛浴、廚房、電氣配管、穿線等工程（尤其對於施工管材之吊運及吊裝工程）。

五、請依下列之施工程序提示，以角材為主要結構之6公厘(mm)矽酸鈣板隔間牆之施工程序。（角材為6公分(cm)×3公分(cm)、矽酸鈣板為4呎×8呎×6mm、樓層高300公分(cm)、RC樓板厚12公分(cm)）（4分）

施工程序提示

1.利用墨斗連接地板與天花板隔間位置於牆壁

2.釘地板、天花板與牆壁角材

3.準備釘製隔間施工工具

4.釘中間垂直角材（間距4呎）

5.定出地面隔間位置

6.釘6mm（2分）矽酸鈣板

7.定出天花板隔間位置

8.釘中間橫向角材（間距40cm～60cm）

答 3、5、7、1、2、4、8、6或3、7、5、1、2、4、8、6

　　3. 準備釘製隔間施工工具

　　5. 定出地面隔間位置

　　7. 定出天花板隔間位置

　　1. 利用墨斗連接地板與天花板隔間位置於牆壁

　　2. 釘地板、天花板與牆壁角材

　　4. 釘中間垂直角材（間距4呎）

　　8. 釘中間橫向角材（間距40cm～60cm）

　　6. 釘6mm（2分）矽酸鈣板

　　或

　　3. 準備釘製隔間施工工具

　　7. 定出天花板隔間位置

　　5. 定出地面隔間位置

　　1. 利用墨斗連接地板與天花板隔間位置於牆壁

　　2. 釘地板、天花板與牆壁角材

　　4. 釘中間垂直角材（間距4呎）

　　8. 釘中間橫向角材（間距40cm～60cm）

　　6. 釘6mm（2分）矽酸鈣板

六、以23cm×11cm×6cm之紅磚砌1B厚磚牆，試問砌長240cm高140cm之磚
　　牆須用多少塊磚？（3分）

答 240cm÷（11cm＋1cm）＝20…因為砌1B厚，所以牆壁長度÷磚寬＋1cm
的漿縫（因磚長度恰好為1B之厚度）為20塊
140cm÷（6cm＋1cm）＝20…因為砌1B厚，所以牆壁高度÷磚高＋1cm
的漿縫（因磚長度恰好為1B之厚度）為20塊
20×20＝400（塊）
或
240cm÷（11cm＋1cm）＝20
140cm÷6cm＝20.6≒21…若採用密貼的砌磚法，漿縫不須用到1cm
20×21≒420（塊）

C卷試題：（題型：相關施工作業──裝修木作、裝修泥作、裝修塗裝、金屬工程、玻璃及壓克力安裝作業、壁布壁紙窗簾地毯施工作業）

一、簡述室內裝修木作工程施工中，木製空心門安裝及喇叭鎖安裝之施工程序及注意事項？（4分）

答 1. 空心門安裝普通鉸鍊：

　(1) 決定鉸鍊的位置，同時並量取鉸鍊的厚度，將其厚度分成1/2，即為門片上鉸鍊之槽深，另1/2厚度則畫在門框上。

　(2) 用鑿刀在鉸鍊範圍之邊框斬斷木理，並依次除去鉸鍊槽之木料，最後將鉸鍊槽底部鑿削乾淨。

　(3) 為求準確、快速及量化生產，鉸鍊槽時常用小型手提式花鉋機加工，調整靠板為鉸鍊一半深度，銑刀高度為葉片之寬度。

　(4) 將小型手提式花鉋機臺面，靠緊門板側邊，按劃線位置銑削，前後兩頭因刀具旋轉之故呈圓弧型，需再行用鑿刀修平。

　(5) 將鉸鍊試裝在槽上，檢視是否大小適當，如果可以先用電鑽鑽螺絲釘導引孔。

　(6) 螺絲起子將鉸鍊用螺絲釘先安裝於門板上，然後各以一枚螺絲釘將鉸鍊安裝於門框上，再查看位置是否準確，活動獎狀況是否良好，如妥當再安裝其他螺絲釘固牢之。且各鉸鍊需互相對準在一直線上。

2. 喇叭鎖之安裝：

　(1) 決定門的開啟方向，以鉛筆、直尺或角尺等，於擬固定鉸鍊的位置上劃線，取距門上端下端尺寸與鉸鍊長度、寬度並做上記號，鉋削門邊使其呈內斜，且易於開關。

　(2) 劃線，同時找出安裝喇叭鎖的中心點，並標上記號，其高度係由地上量起約為105cm。廠商會隨著喇叭鎖附贈一塊紙卡片，只要在其指定的地方做下記號即可。

　(3) 以手搖鑽或手電鑽，鑽穿喇叭鎖門孔。

　(4) 把喇叭鎖舌簧放在門側上對準位置。描繪出喇叭鎖舌簧位置再鑿削之。

　(5) 把喇叭鎖固定並旋緊螺絲後，劃出門框固定鐵片位置並安裝之。

　(6) 正式安裝喇叭鎖前，應先將鑰匙置入鑰匙孔中轉動，以檢查門或鎖桿之伸縮是否正常。

二、一般以磁磚鋪設室內地坪的施工習慣，可以分為哪兩種施作方式並說明其
　　過程？（4分）

　　答 1. 軟底施工：
　　　　 (1) 先將欲施作之地坪清掃乾淨。
　　　　 (2) 以1：3或1：4水泥砂漿直接鋪設於溼潤的混凝土構造體表面，再
　　　　　　 鋪設面磚。
　　　　 (3) 同時以鏝刀敲打壓貼，將內部空氣壓出。
　　　　 (4) 用水線調整平整度（如需施作洩水坡度亦須於此一階段處理）並
　　　　　　 保持接縫寬度。
　　　　 (5) 等砂漿硬化後再做勾縫處理、表面清潔（用溼海綿清理表面）及
　　　　　　 保養。
　　　 2. 硬底施工：
　　　　 (1) 先將欲施作之地坪清掃乾淨。
　　　　 (2) 以1：3水泥砂漿在混凝土構造體表面打底整平。
　　　　 (3) 俟砂漿硬化後再粉上一層黏貼用水泥砂漿加海菜粉，以利貼面磚。
　　　　 (4) 同時以鏝刀敲打壓貼，將內部空氣壓出。
　　　　 (5) 等砂漿硬化後再做勾縫處理、表面清潔（用溼海綿清理表面）及
　　　　　　 保養。

三、請簡述建築物室內裝修塗裝工程中，水泥內牆採水泥漆塗裝之施工程序？
　　（4分）

　　答 1. 牆面清潔：先將欲塗裝之牆面予以清理乾淨，以利塗裝工程順利完成。
　　　 2. 批土：利用油土將欲塗裝之牆面，先批土上去以填補牆面之毛細孔及
　　　　　 調整平整度。
　　　 3. 研磨：使用120號砂紙將批土後之牆面予以研磨，使牆面之細微孔洞及
　　　　　 不平處得以抹平。
　　　 4. 塗刷第一度面漆：先使用水泥漆塗刷第一度面漆，同時要注意均勻度
　　　　　 及漆面之厚薄狀況，還有避免水泥漆垂流之現象發生。
　　　 5. 檢查及整修：俟漆面乾後，進行檢查，如發現漆面有垂流、氣泡或蜂
　　　　　 窩面均須用砂紙再予磨平修整，使整體塗裝面平整無瑕。
　　　 6. 塗刷第二度面漆：此即為最後牆面塗裝之表面，因此不能失敗，否則
　　　　　 即前功盡棄，且須注意刷痕與漆面厚度之掌握。
　　　【註】：一般牆面塗裝多採一底二度，若更嚴謹之作法，應於第二度完
　　　　　　　再研磨及修整後，進行最後面漆之塗裝作業，因此，第一度面
　　　　　　　漆即為打底之作法，稱為底漆。

四、條列說明鐵件工程油漆之施工要求事項？（4分）

 1. 標的物之表面清潔，有關浮鏽、鏽屑、油汙等附著物應全部清理乾淨。
2. 對於銲濺物、毛口或其他不規則表面之修補或去除。
3. 安裝後油漆前應再次清潔。
4. 紅丹底漆若脫落，應先修補。
5. 依塗料廠商生產規定之適當比例予以稀釋溶劑，然後以調和方法進行調和塗料之工作。
6. 塗刷第一次面漆。
7. 然後進行檢查及整修。
8. 接著再進行塗刷第二次面漆。

五、試說明紫外線吸收玻璃、膠合玻璃之材料特性。（4分）

 1. 紫外線吸收玻璃：其係由一經過反射膜之處理玻璃與另一片玻璃，利用紫外線硬化性塑膠鋼膠合起來，稱之。其特性為因具有鏡面的效果，同時亦能隔絕紫外線的通過，據此而得名，且亦可防止物體的退色。
2. 膠合玻璃：係由兩片或兩片以上的玻璃，中間夾以強力PVB中間膜，再予加熱、加壓使其完全密合，亦稱安全玻璃。其特性為破裂時不易掉落且不會形成尖銳的碎片割傷人（因其破裂時會形成塊狀，且有PVB中間膜之黏著，不易碎掉）。

六、請舉出8種常用地毯的種類。（4分）

 1. 石綿地磚及地毯
2. 草織地毯
3. 羊毛手編毯（有單股編及雙股編之型式）
4. 平織地毯（人造纖維料，分成短、中、長毛三種，屬於滿鋪地毯）
5. 拼組地毯（PP材料）
6. 塑膠地磚及地毯
7. 麻毯
8. 地墊
9. 人工草皮

D卷試題：（題型：裝修工程管理——裝修工程估算表編製、裝修工程表格之填寫、工地安全衛生、申請建築物室內裝修竣工查驗及驗收、輕隔間及天花板施工作業、水電工程作業）

一、王小明購置新屋欲進行臥室內裝修，其臥室空間尺寸為長480cm，寬360cm，屋內淨高為300cm，門扇尺寸210cm×90cm及窗戶尺寸160cm×150cm各一組，進行鋪設高度15cm高架滿鋪實木企口無塵地板；將以標準施工方式，骨架實木角料使用12尺×2寸×1.2寸規格，釘法以縱向上層（480cm）1尺間隔釘1支，橫向下層（360cm）2尺間隔釘1支為例，角撐部分暫不計算，以支為單位，夾板以市售之4尺×8尺×4分防潮夾板施工。回答以下問題（需寫出計算式，否則不計分）：（5分）

(1) 4尺×8尺×4分防潮夾板計算完整片數為多少片？

(2) 地板施作實木12尺×2寸×1.2寸角材之實際用量支數？合計為多少才數？

(3) 臥室所需無塵地板共計多少坪？

(4) 地板上方之RC牆面重新漆環保漆，共計多少平方公尺？

答 (1) 480cm÷30cm＝16（尺）…在木作估算中，臺制1尺＝30.3cm≒30cm
360cm÷30cm＝12（尺）
16尺÷8尺＝2…室空間長邊與防潮夾板長邊相除
12尺÷4尺＝3…室空間短邊與防潮夾板短邊相除
2×3＝6（片）

(2) 縱向角材為：16＋1＝17（支）…縱向為室空間長邊480cm÷1尺（30cm，角材間隔）＝16個間隔，所以要再加1此為國小之算術中，計算電線桿之方式：
橫向角材為：（12÷2）＋1＝7（支）…橫向為室空間短邊360cm÷2尺（60cm，角材間隔）＝6個間隔，所以要再加1支。
因為角材長度僅為12尺，而室空間長邊為16尺，不足4尺（16－12＝4）所以橫向不足之角材支數為：（16－12）×7÷12＝2.3≒3（支）…因橫向角材從上面計算得知要7支，所以不足短缺的部分要×7，得到28尺，因角材每根長12尺，因此28尺÷12尺，可以得到約2.3支，但角材沒賣0.3支，故仍須以完整之1支計算。
故角材總支數為：17＋7＋3＝27（支）或（26.3支）
其才數為：1.2寸×2寸×12尺×27÷1寸×1寸×10尺＝77.76（才）…因為木材之材積為1寸×1寸×10尺＝1才

(3) 4.8m×3.6m＝17.28m²×0.3025＝5.23（坪）…因為1坪＝1.8m×1.8m＝3.24m²
或？m²×0.3025＝？坪
或17.28m²÷3.24m²＝5.3（坪）

陸　歷年試題整理

(4)〔（4.8＋3.6）×2〕m×（3－0.15）m＝47.88m²…室空間牆高－實
木地板高47.88m²－（2.1×0.9＋1.6×1.5）m²＝43.59m²…室空間牆面
積－門扇與窗戶的面積

所以：(1) 6片

(2) 27支；77.76才

(3) 5.23坪

(4) 43.59平方公尺（m²）

二、建築物室內裝修工程管理於施工過程中所有資料需進行管理，並希望可在
最短的時間內提供最新、最可靠的數據，請舉出至少5個工地檔案管理的主
要項目？（4分）

答 1. 設計圖說、施工規範或說明。
2. 施工圖或大樣圖、細部詳圖之呈核紀錄。
3. 計價或減價紀錄。
4. 往來文件。
5. 監工日誌、報告及會議紀錄。
6. 材料或便品、樣品紀錄。
7. 材廠或構造試驗報告。
8. 偶發事件或緊急處理事件紀錄。

三、水電工班進場從事電路開路後之電路鋪設、組立檢查、修理等作業時，應
採取哪些安全措施？（4分）

答 1. 應確實確認斷電後，作業人員方得以進行作業與調整。
2. 開路之開關於作業中，應予以上鎖或標示「禁止送電」、「停電作業
中」或設置監視人員監視。
3. 開路後之電路如含有電力電纜、電力電容器等，以致於電路有殘留電
荷引起危害之虞者，應以安全方法確實放電。
4. 開路後之電路藉放電消除殘留電荷後，應以檢電器具加以檢查，同時
並確認其已停電。

四、依據《建築物室內裝修管理辦法》第29條，直轄市、縣（市）主管建築機
關或審查機構受理室內裝修竣工查驗之申請後，應如何處置？（4分）

答 1. 應於七日內指派查驗人員至現場檢查。
2. 經查核與驗章圖說相符者，檢查表經查驗人員簽證後，應於五日內核
發合格證明。
3. 對於不合格者，應通知建築物起造人、所有權人或使用人限期修改，
逾期未修改者，審查機構應報請當地主管建築機關查明處理。
4. 室內裝修涉及消防安全設備者，應由消防主管機關於核發室內裝修合
格證明前完成消防安全設備竣工查驗。

五、依序簡述輕鋼架天花板施工作業項目？（4分）

 1. 放樣：利用水準儀依建築物基準線定出水平基準線，同時定出長邊及短邊方向之天花板分割基準線。
2. 收邊料安裝：依規定之高度以水平基準線投射於牆柱之面，然後依其投射點，將收邊料釘於牆柱上。
3. 吊筋安裝：依長邊及短邊方向天花板分割基準線，每隔1.2m將吊筋附擊釘片，打釘在樓板底、RC梁或掛鉤在鋼梁上。
4. 機電設備管道安裝：所有吊筋定位裝置後，空出時間讓空調、水電等相關設備之管道安裝。
5. 天花板支架安裝：使用水準儀或水線依設計高度，安裝主支架於吊筋上，再安裝副支架，使主副支架平行於該空間之主副軸。
6. 機電空調攪線與器具安裝：所有輕鋼架吊裝完成之後，讓空調水電等相關設備之管路穿電線及安裝器具。
7. 天花板料安裝：空調水驗等相關設備穿線及器具安裝完畢後，再以水準儀作最後一次核對調整，完全無不良現象後即可安裝天花板料。
8. 完工後檢查調整。

六、請敘述存水彎的功能，並以文字及簡圖說明2種存水彎形式？（4分）

 1. 存水彎之功能：於管線設備中，裝置在家庭排水管中流動之水彎，用來防止家庭排水系統及家庭汙水管之間空氣的自由流通以防止臭味、病媒之傳布及防止意異物滲入之功用。通常亦稱為家庭存水彎。
2. 目前約有下列幾種型式：

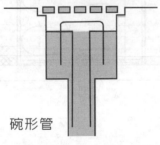

碗形管

用於廁所或浴室的地板

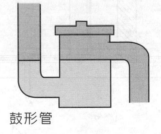

鼓形管

用於浴室或流理臺

S型管

用於馬桶或洗臉臺

P型管

用於馬桶或洗臉臺

99年建築物室內裝修工程管理術科試題

A卷試題（題型：圖說判讀、丈量放樣、安全維護、施工機具）

一、依下列防火分間牆之施工大樣詳圖，請說明(1)～(5)材料名稱？（5分）

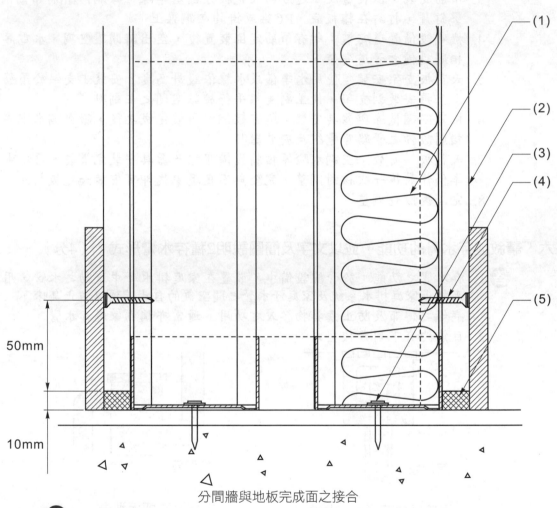

分間牆與地板完成面之接合

🖐答(1) 填充材
(2) 石膏板
(3) 火藥擊釘
(4) 自攻螺絲
(5) 彈性膠泥

二、請依據下列暗架天花板剖視圖之施工大樣詳圖，說明(1)～(5)材料名稱？
（5分）

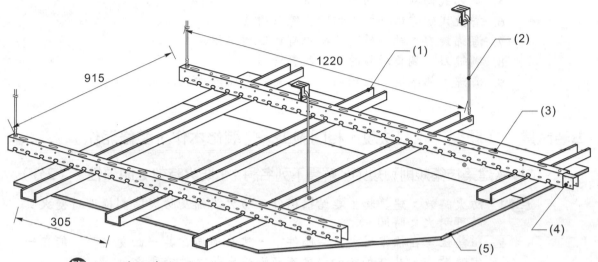

（答）(1) 暗主架
　　(2) （直徑6mm）螺桿吊筋
　　(3) 暗支撐架
　　(4) 暗支撐架連接片
　　(5) 石膏板

三、建築物室內裝修工程墨線區分為哪兩種，並分別說明？（5分）

（答）1. 基準墨線：預先設定基準點B.M.（Bench Mark）高程以及基準線位置
　　　　來進行施測，同時依設計圖或施工圖所訂之X（水平）：Y（垂直）方
　　　　向各位置記號，在建築物地坪或地面上標記放樣線，此時亦可將地板
　　　　上的墨線按照圖面之通視芯線，作退縮100公分位置的作法。
　　　2. 小墨線：基準墨線完成後，將再由基準墨線量出細部相關部位之位置
　　　　及形狀大小之放樣線。

四、各類場所消防安全設備設置標準規定之避難逃生設備種類？（5分）

（答）1. 標示設備：出口標示、避難方向指示燈、避難指標。
　　　2. 避難器具：滑台、避難梯、避難橋、救助袋、緩降機、避難繩索、滑
　　　　桿及其他避難器具。
　　　3. 緊急照明設備。

五、試就建築物室內裝修泥作工程浴室牆面鋪貼30公分×60公分磁磚時，列舉5
　項所需之施工工具並說明其用途？（5分）

（答）1. 水準尺：測量水平及垂直用。
　　　2. 墨斗：彈水平及垂直線用。
　　　3. 鋸齒鏝刀：貼磁磚時塗布水泥漿用。

4. 磁磚鉗：主要是在修剪切割後不齊之突出磚塊或水管出口處及弧度小的曲線。
5. 電動式切割機：切割磁磚用。
6. 滑軌式磁磚切割機：切割直線磁磚用。
7. 海綿鏝刀：貼磁磚時填補磁磚與磁磚縫用。
8. 調縫刀：調整縫隙的大小及整齊用。
9. 海綿：沾水清除已鋪貼及填縫完之磁磚表面之汙泥。

B卷試題：（題型：相關法規、相關施工——裝修木作、裝修泥作）

一、依據《建築技術規則》規定，解釋下列名詞：1.防火時效 2.阻熱性。（2分）

答 1. 防火時效：建築物主要結構構件，防火設備及防火區劃構造遭受火災時可耐火之時間。
　2. 阻熱性：在標準耐火試驗條件下，建築構造當其一面受火時，能在一定時間內，其非加熱面溫度不超過規定值之性能稱之。

二、進行購物中心商場空間之整體裝修時，其建築物室內設計裝修前，依《建築技術規則》規定，試回答下列相關問題？（5分）

（一）本場所屬何類建築物？並說明組別及其組別定義？

（二）試問進行整體建築物室內裝修時，其所使用之內部防火裝修材料有受何種限制？

答 （一）本場所依規定為屬於「B」類商業類之場所。
　　　組別為屬於「B-2商場百貨」。
　　　組別定義：供商品批發、展售或商業交易，且使用人替換頻率高之場所稱之。
　（二）
　　　1.「B類」之內部裝修材料在居室或該使用部分採用耐燃三級以上之防火材料。
　　　2.至於通達地面之走廊及樓梯則採用耐燃二級以上之防火材料。

三、依據《建築技術規則》規定，建築物內哪些設備應接至緊急電源？（4分）

答 1. 火警自動警報設備
　2. 緊急照明燈
　3. 緊急用電源插座
　4. 緊急廣播設備
　5. 出口標示燈
　6. 電動消防水泵或撒水水泵
　7. 地下室排汙水抽水機
　8. 避難與消防用專用昇降機
　9. 排除因火災產生濃煙之排煙設備

四、依據《營造安全衛生設施標準》第155條規定，有關廚房分間牆拆除前，應注意之安全事項為何？（3分）

答 1. 主要應煙勘測分間牆內所埋設之水、電、瓦斯等管線位置。
2. 拆除前應先斷水、斷電及斷瓦斯等措施，以避免因洩漏而造成工安意外。
3. 拆除前應準備各項安全防護措施等設施。

五、簡述建築物室內裝修木作工程施工中，使用白膠及電熨斗貼木皮之至少6項施工程序及列舉4種工具？（5分）

答 1. 貼木皮之施工程序：
(1) 素材（貼面材）之表面整理。
(2) 取適量之白膠塗布於素材（貼面材）上，同時用布膠滾輪予以塗布均勻。
(3) 將薄木皮平鋪於素材（貼面材）面上，同時使其兩兩重疊。
(4) 接續使用木直尺架於重疊處，並用美工刀予以割開，同時將不用之部分予以丟棄。
(5) 另外再使用電熨斗將薄木片加壓，同時加溫至其乾燥為止。
(6) 最後將凸出素材（貼面材）面之多餘的薄木片予以切除。
2. 貼木皮時應準備之4種工具：
(1) 布膠滾輪
(2) 薄片切刀（美工刀）
(3) 木直尺（鋼尺）
(4) 電熨斗

六、建築物室內裝修泥作工程中，若於客廳製作一壁爐，須砌拱形磚，請敘述拱形磚牆面施工步驟並說明之？（6分）

答 1. 材料準備：擬訂計劃工作流程及材料放置之位置。
(1) 挑選磚塊，同時將磚塊排列於施工處靠施工者之走道旁。
(2) 先將磚塊澆水至濕潤，且呈縣外乾內飽和之狀態。
(3) 以量尺量製磚塊之尺寸。
(4) 將水泥砂漿拌合均勻，並置於砂漿桶內備用。
(5) 接續製作各種造型之模板，同時依圖上之尺寸以1：1之比例，實地放樣製作。
2. 砌拱墩：與砌磚之流程相同。
(1) 將水泥砂漿撥撒於砌磚處，同時擺置磚塊。
(2) 開始堆砌墩腳基座，同時置磚推擠。
(3) 將不平整之處予以敲平，且對於滿漿處再予刮漿及處理刮縫之程序。

3. 組立模板：
   (1) 將模板固定於拱墩內側。
   (2) 使用支撐材來予以固定。
   (3) 依照拱形計算出砌拱形所需要之磚塊數量，同時直接放樣於模板上。
4. 砌疊磚拱：
   (1) 由兩側同時開始砌疊，且控制灰縫要勻稱。
   (2) 磚縫最好上寬下窄，同時磚塊須保持與模板拱形平整。
5. 拆模：疊砌磚拱完成後，依照磚拱上之荷重，視情況予以拆模。
6. 勾縫：再依照清水磚牆之勾縫方法，進行勾縫處理。
7. 清理場地：最後再將場地予以清理乾淨，同時將工具歸定位並予以整理乾淨收存。

C卷試題：（題型：相關施工作業——裝修木作、裝修泥作、裝修塗裝、金屬工程、玻璃及壓克力安裝作業、壁布壁紙窗簾地毯施工作業）

一、試就建築物室內裝修牆面木作企口壁板工程，請說明施工步驟及方法？（3分）

答 1. 首先準備各項工具及合梯（施工梯）：
   (1) 手工具部分：水平管器、長角尺、墨斗、水線、鉛錘、捲尺、鉛筆、美工刀、折合鋸、鉋刀、釘袋、鑿刀、鐵鎚、鐵釘、鋼釘、拔釘器、鑽孔工具、拆裝工具。
   (2) 氣動工具：單釘釘槍、雙釘釘槍、火藥釘槍、鐵鋼釘釘槍、空氣壓縮機、輸氣軟管。
2. 定垂直線（墨線）：量測與牆面四周適當之距離，同時與牆面垂直，之後以墨斗定墨線。
3. 於牆面四周釘上角材。
4. 牆面左右兩側於角材上，量測橫向角材之間距，每一間距約30～35cm左右，同時用鉛筆做記號。
5. 接續釘上橫向角材，同時於橫向角材上拉水線，藉由水線之使用拉至橫向角材與左右兩側之角材平整成一直線。
6. 最後鋸切適合長度尺寸之企口木板，同時使用ㄇ型釘釘於橫向角材上，此時須注意企口木板之側面是否有垂直。

二、建築物室內裝修浴室泥作工程，請說明地面打底粉刷施工步驟？（6分）

答 1. 清理地坪：先將浴室地坪表面之水泥渣、磚屑、雜物等予以清理乾淨。
2. 定灰誌：使用連通管，先測出各角落之基準點，接續再以水泥砂漿製作灰誌，同時灰誌之位置要適當，且依洩水坡度作成不等之高度。

3. 灑布水泥漿：俟灰誌乾硬之後，再用清水濕潤地坪，同時將水泥漿灑布在地面上，用掃帚掃到浴室的每個角落，使地面上均有水泥漿。

4. 砂漿拌合及倒置作業：將水泥、砂置於土盤上，同時依比例混合拌成乾漿，再加水濕拌，且至少須要拌合三次以上。之後再將均勻之砂漿，利用水桶以分處、分堆之方式倒置於地坪上。

5. 利用刮尺刮平：之後再用水泥鏝刀推平或刮尺刮平砂漿，使其略高於灰誌之高度。同時查看木刮尺於刮砂漿時，有不平或凹洞處，須馬上用砂漿補滿，並予重新再刮平，且刮到灰誌之高度為止。

6. 面層粉刷作業：最後再以木鏝刀自左而右，再由右至左成直線反覆的粉鏝平整為止。

三、建築物室內裝修油漆工程中，請說明漆刷清洗步驟及方法？（4分）

答 1. 將油漆刷置於盛有溶劑的容器內，用力壓抑漆刷，使根部完全與漆桶底牆觸及，左右搖晃轉動，讓殘餘之油漆盡溶。

2. 假如殘餘之油漆黏著於刷毛頂緣無法脫落，則再以油灰刀刮削之。

3. 再以叉具自刷毛頂沿毛理方向順向梳理。

4. 之後用鈍刀刮削刷心上之殘餘漆料，且刮除時應先將刷毛分開。

5. 然後再以容器桶之邊端刮去多餘之漆料。

6. 再來即以兩手掌之掌心來回旋轉油漆刷，且旋轉前應將油漆刷完全浸漬於溶劑桶中，因為離心力之關係，附留於刷毛內之殘餘漆料即可自行掉落。

7. 至於清理完成後將溶劑倒回用過的容器桶中（特別注意，用畢的溶劑不可倒到乾淨之溶劑桶內），然後再將容器蓋住並予以密封。

8. 將白紙或錫箔紙予以分成6等分，同時每一等分應恰好等於油漆刷之大小。

9. 最後將油漆刷放置於白紙中央位置之上緣之其中一等分內，且自兩邊向內側摺妥白紙，同時以最中心線摺起白紙，同時以橡皮筋將白紙纏束起來，使其不致張開。

四、金屬銲接加工時，影響銲接品質原因為何？（3分）

答 1. 由於銲材保管方式不當，以至於施工前未確實保持乾燥。

2. 進行銲接作業時，被銲接面有鬆屑、碴鏽及油脂等雜物存在。

3. 銲縫兩側規定之寬度範圍內，防鏽底漆沒有刮除。

五、試說明鋁門窗安裝工程時應注意事項，請至少列舉12項？（6分）

答 1. 首先應依據設計圖說設計之位置放樣正確。

2. 固定片之間隔與數量及安裝均應依據工程合約。

3. 安裝工作應與建築構體工程密切配合。

4. 安裝過程中應以保護材予以適當包覆保護。

5. 安裝後，應以水泥與防水劑填縫處理。

6. 安裝後，應詳細檢查門窗開啟與關閉是否順暢。
7. 裝配玻璃應依據施工說明填縫處理。
8. 玻璃嵌入深度應依據設計圖說確實辦理。
9. 框架與建築物之結合，必要時使用鋼筋予以銲接加強牢固及穩定度。
10. 外框與混凝土或磚牆接觸部分，應塗抹柏油漆或鋅鉻黃漆。
11. 外框四周之防水材料切勿用力過度，以免使框料扭曲。
12. 施工過程中，鋁料之表面有任何沾汙時，應隨時以濕布擦拭。
13. 若鋁框料之跨度過長時，則擠型框料內應加置補強鋼板。

六、建築物室內裝修布窗簾安裝工程，試列舉6種所需五金及配件，並說明其功能？（3分）

答 1. 軌道：吊掛窗簾用，其材質有銅、木、塑膠、鐵、鋁、鋼等。
2. 吊帶（束帶）：固定或繫、綁布簾的帶子。
3. 吊帶飾頭：固定吊帶使用的底座。
4. 布飾邊：縫於窗簾布四周的裝飾邊。
5. 拉線（桿）：窗簾布開關拉線（桿）。
6. 調節桿：調整窗簾布方向。
7. 垂直桿（片）：用來控制或強化窗簾之平整度。

D卷試題：（題型：裝修工程管理——裝修工程估算表編製、裝修工程表格之填寫、工地安全衛生、申請建築物室內裝修竣工查驗及驗收、輕隔間及天花板施工作業、水電工程作業）

一、建築物室內裝修，集合住宅中之某四房兩廳裝修工程，參考下表，試繪製簡易估價單總表表格，請列出十項主要工作項目（各項估價數量及金額免填）？（5分）

○○室內裝修有限公司　估價單						
工程名稱：集合住宅中某四房兩廳　　　　　公司負責人：祝○○						
聯絡電話：○○○　　　　　　　　　　行動電話：○○○						
工地地址：○○○○○○　　　　　　　電話：○○○						
日期：○○○○　　　　　　　　　　　傳真：○○○						
項次	工作項目					備註
壹						
		-	-	-	-	-
		-	-	-	-	-
		-	-	-	-	-
總計						

全華室內裝修有限公司　估價單

工程名稱：集合住宅中某四房兩廳　　　　公司負責人：林清俠
聯絡電話：02-77777777　　　　　　　　行動電話：0980-777777
工地地址：台北市忠孝東路1號　　　　　電話：02-66666666
日期：2012/01/01　　　　　　　　　　傳真：02-55555555

項次	工作項目	位置	單位	數量	單價	複價（總價）	備註
壹	假設工程及放樣						
貳	拆除工程						
參	放樣工程						
肆	水電工程						
伍	泥水工程						
陸	木作工程						
柒	空調工程						
捌	消防工程						
玖	照明工程						
拾	油漆工程						
拾壹	衛浴設備工程						
拾貳	金屬五金工程						
拾參	安全衛生管理						
拾肆	清潔工程						
拾伍	營業稅						
拾陸	管理利潤						
總計							

二、建築物室內裝修工程監工日報表（5分）

（一）其用途為何？

（二）監工日報表請至少列舉8項重要內容？

答（一）用途：主要為記載重要工程施工完成之數量、材料使用數量、人員數量及其他重要事項之紀錄。

（二）項目：

1. 重要施工項目之完成數量。　　5. 工程進度。
2. 供給材料使用數量。　　　　　6. 施工取樣試驗。
3. 每日出工人數。　　　　　　　7. 通知承包商之辦理事項。
4. 使用機具。　　　　　　　　　8. 其他重要事項紀錄。

三、建築物室內裝修進行斷電、斷水時，可能發生電能之危害，請列舉5項預防原則？（5分）

答 1. 確實檢查手工具之絕緣效能。
2. 電器設備及電源線等確實依規定接地。
3. 電焊設備安裝自動電擊防止裝置。
4. 提供個人防護具。
5. 使用雙重絕緣之電線同時須架高。
6. 作業前檢點檢查所有電器設備之防感電安全措施與裝置。
7. 作業前須對勞工進行感電危害之教育訓練。

四、建築物室內裝修工程竣工後之工程驗收步驟為何？（3分）

答 1. 應按契約之施工驗收作業程序辦理。
2. 不論是初驗或驗收，對於驗收未合格項目應記載於驗收缺點改善情形說明表同時予以限期改善、拆除、重做或換貨。
3. 工程驗收所列之缺失，施工廠商應於限期內改善完成，逾限將依契約規定，以逾期計罰至改善完成為止。

五、請依序說明鋼筋混凝土造建築物之輕隔間石膏板牆施工作業步驟？（5分）

答 1. 放樣：以墨線或雷射水平儀，依照工程設計圖說，將欲施工處標出位置。
2. 上下槽固定：放樣後將上下槽沿標定之位置，以鋼釘槍（火藥釘槍）分別固定於樓板與地板。
3. 立柱固定：依實際丈量之高度裁切立柱正確之尺寸，側向嵌入上下槽溝內轉正，且立柱之間距配合板材規格，最大不得超過610mm。
4. 單側封板：以攻牙螺絲將石膏板固定於立柱上，石膏板與地面需保留10mm之空隙，以供矽膠填縫。
5. 機電配管：有配合管線工程時，應於此時配合工程施作。
6. 填裝隔熱吸音棉：兩立柱之間以棉捲（岩棉或玻璃棉）填塞，以達隔熱吸音之功能，且棉捲之接縫應緊密搭接或以膠帶密封處理。
7. 雙面封板：若有其他工程搭配之考慮時，應俟其完成後再封第二面板。
8. 接縫補土：需補土之範圍，主要以石膏板之接縫處、內角、外角及螺絲孔等。石膏板之接縫處塗上第一道補土後，貼上貼縫紙帶同時以鏝刀抹平。至於第一道補土乾涸後（約24小時）以細砂紙將紙帶兩側外露之補土磨平，之後再上第二道補土。俟第二道補土乾涸後以細砂紙磨平，然後再上第三道補土。直到第三道補土乾涸後以細砂紙磨平，即可進行油漆、貼壁紙等牆面處理工程。

六、請列舉管道間常見的4種管線種類與材質？（2分）

答 1. 管線種類：汙水管、雜排水、雨水、特殊排水、通氣管及給水管。
2. 管線材質：鑄鐵管、PVC管、PE管、壓接管（白鐵、銅管）、白鐵管。

100年建築物室內裝修工程管理術科試題

A卷試題（題型：圖說判讀、丈量放樣、安全維護、施工機具）

一、請依據中華民國國家標準CNS11567-A1042建築製圖規定回答下列問題：

（一）右列建築設備符號代表為何？ (1) BW　(2) SW。（2分）

（二）建築各層結構平面基本切視法，是由各層地板面上多少公尺平切下視？（1分）

答（一）(1) 承重牆　(2) 剪力牆。
　　（二）1.5公尺。

二、請依據下列防火分間牆之施工大樣詳圖，說明所列(1)～(5)之材料名稱？（5分）

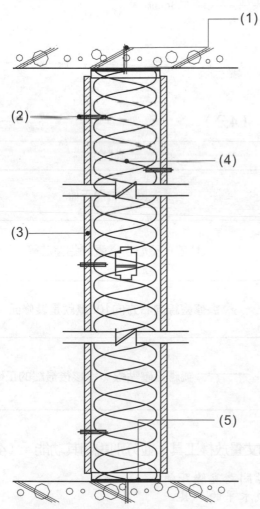

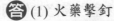(1) 火藥擊釘
(2) 自攻螺絲或鐵板螺絲或攻牙螺絲
(3) 矽酸鈣板或水泥板或石膏板
(4) 玻璃棉或防火隔音棉或岩綿
(5) U型槽鐵或ㄇ型槽鐵

單層雙面矽酸鈣板隔間大樣圖

三、請依據下列局部抽屜剖面大樣詳圖，說明(1)～(5)項所代表各部位構造名稱？（圖面所標註之材料尺寸為市售常用尺寸）（5分）

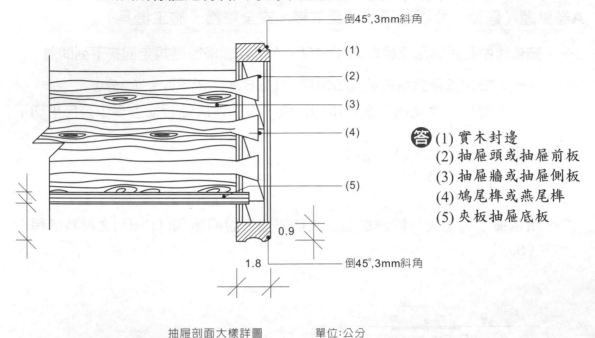

倒45°,3mm斜角
(1)
(2)
(3)
(4)
(5)
0.9
1.8
倒45°,3mm斜角

答 (1) 實木封邊
(2) 抽屜頭或抽屜前板
(3) 抽屜牆或抽屜側板
(4) 鳩尾榫或燕尾榫
(5) 夾板抽屜底板

抽屜剖面大樣詳圖　　　　單位:公分

四、請說明下列墨線記號之正確名稱。（4分）

名稱	符號	備註
(1) 答 貼近記號	K|	左圖為右側正確
(2) 答 通芯墨線	ƒ	柱芯,壁心,通視芯鋁窗芯等
(3) 答 回復墨線	⊢100回復⊣	裝修墨線向右方向100處就是裝修面
(4) 答 訂正記號	‖‖‖	●——● 號應正確點線，檢核後最終的正確線

五、請列舉四種建築物室內裝修常使用的丈量放樣工具，並分別說明其功能。（4分）

答 1. 雷射測距儀：用於測量兩點間之直線距離。
2. 水平尺：測量物體面是否成水平的工具。
3. 經緯儀：測量角度。
4. 角尺：用於現場呈現90°或不同角度的放樣工具。

5. 錘球：作垂直點的記號工具。
6. 捲尺：丈量現場尺寸及距離大小。
7. 墨斗：作為直線距離之施工依據。
8. 水準儀：測量高低關係所使用之儀器。
9. 水線：用於天花板或隔間之垂線水平之依據。
10.水準器：水準儀的輔助儀器。

六、請列舉四項室內裝修進行斷電、斷水時，可能發生電能之危害預防原則？（4分）

答 1. 確實檢查手工具之絕緣效能（即絕緣手套之功能是否完備）。
2. 提供個人防護用具（即各項絕緣工具）。
3. 作業前檢點檢查所有電器設備之防感電安全措施與裝置。
4. 作業前對勞工作感電危害之教育訓練。
5. 相關電器設備及電源線等確實依規定接地。
6. 相關電焊設備安裝自動電擊防止裝置。
7. 使用雙重絕緣電線並架高。

B卷試題：（題型：相關法規、相關施工──裝修木作、裝修泥作）

一、依據《各類場所消防安全設備設置標準》第11條規定，各類場所消防安全
設備設置標準規定之消防搶救上必要之設備種類為何？（5分）

答 1. 連結送水管
2. 消防專用蓄水池
3. 排煙設備（緊急昇降機間、特別安全梯間排煙設備、室內排煙設備）
4. 緊急電源插座
5. 無線電通信輔助設備

二、依《消防法》第11條規定，地面樓層達11層以上建築物、地下建築物及中
央主管機關指定之場所，請列舉四樣物品應附有防焰標示。（4分）

答 地毯、窗簾、布幕、展示用廣告、其他指定之防焰物品

三、依據《勞工安全衛生設施規則》第29-2條規定，雇主使勞工於侷限空間從
事作業，有危害勞工之虞時，應於作業場所入口顯而易見處所公告哪些注
意事項，使作業勞工周知？請列舉四項。（4分）

答 1. 作業有可能引起缺氧等危害時，應經許可始得進入之重要性。
2. 進入該場所時應採取之措施。
3. 事故發生時之緊急措施及緊急聯絡方式。
4. 現場監視人員姓名。
5. 其他作業安全應注意事項。

四、依據《建築物室內裝修管理辦法》規定，室內裝修業應於辦理公司或商業登記後檢附何種文件？向內政部申請室內裝修登記許可並領得登記證，未領得登記證者，不得執行室內裝修業務。（3分）

答 申請書、公司或商業登記證明文件、專業技術人員登記證。

五、建築物室內裝修和室（深10尺×寬12尺）木作企口杉木天花板工程，請依序說明施工流程。（4分）

答 1. 先排配電氣線路，預留燈具照明之線路。
  2. 準備施工梯：可使用鋁製合梯或木合梯。
  3. 定天花板高度之基準點：主要為決定企口杉木天花板水準點之高度。
  4. 利用墨斗彈水平線：決定高度後，將四周壁面之水準點以墨斗彈墨線連接，同時彈墨線時應注意需與牆面垂直。
  5. 釘牆壁四周之角材：釘角材時，角材應在墨線之上方，同時先將角材（通常為1.2'×1.0'）釘於四周之牆壁，並以1.0'的角材面釘於牆壁，且鋼釘的長度為2寸，若為鐵釘則長度為2寸。
  6. 釘縱向角材：其中縱向角材之間距不大於1尺左右，然後依所定之間距釘上縱向角材且縱向角材之方向應與企口杉木板之方向垂直。
  7. 釘橫向角材：以每隔不大於3尺左右之間距作記號釘橫向角材，同時將橫向角材釘於牆壁角材上方。
  8. 釘吊筋：先拉水線以調整水平後，將吊筋釘於橫向角材，同時將橫向角材予以起拱勢，即使其稍有弧度。
  9. 釘企口板：最後釘上企口杉木板，可於縱向角材先彈墨線，以使企口杉木板成一直線，其餘均類此處理。
  10. 釘四周牆壁線板收尾：為求美觀，同時將位於四周牆壁處之企口杉木板予以收邊，可以用線板釘於四周牆壁收尾。

六、請說明室內裝修泥作工程中灰誌的目的及用途，並列舉三項施作應注意事項。（5分）

答 1. 目的及用途：
    (1) 灰誌：俗稱麻糬亦有稱「標準餅」，其功用為量測結構體（地坪、柱、梁、板）之水平與垂直之精準度。
    (2) 可做為高程及施工校準之基準，亦即打底工程之定位。
  2. 應注意事項：
    (1) 先訂垂直，後拉水平。
    (2) 在灰誌設置作業前，須先拆模、將欲設置面清掃乾淨。
    (3) 藉助水平儀及高度計、水線、鉛垂、墨斗等之協助，定出基準點及高程，以進行後續作業。
    (4) 每1m標示並黏貼水平垂直灰誌1個。
    (5) 注意地面之洩水坡度。

※以下為增加之作業程序部分之解答，非本次問題之答案：

3. 其作業程序可分內牆柱、內牆面、版（平頂）、梁及地坪等之設置作業：

   (1) 內牆柱立柱灰誌設置：

   　　a.內牆立柱如為整排，需先整排拉水平出入線，再於每柱面之垂線後設置灰誌。

   　　b.每面上中下三處，每處二點灰誌。

   　　c.柱陽角另行設置。

   (2) 內牆面灰誌設置：

   　　a.天花板及牆面每1m²不得少於一個，地坪配合洩水坡度，應考量做灰誌條以控制品質。

   　　b.垂球或水平尺用鋼釘及尼龍線先設置左右外側基準線，再用尼龍線拉出水平線或補設中間垂線。

   　　c.以水泥砂漿及馬賽克，並以尼龍線之出入設置灰誌。

   　　d.一般灰誌之厚度最薄不得小於1公分。

   (3) 窗框、門框邊陽角灰誌設置。

   (4) 目前一般以L型塑膠角條施作灰誌點，較為省工。

   (5) 版（平頂）灰誌設置：

   　　a.於牆面上設置FL＋100cm之等高墨線。

   　　b.以牆面上等高墨線為基準，在版牆接頭處版面上設置灰誌，間距每1m²設置一處。

   　　c.由版牆接頭處拉線，設置一版中間之灰誌，間距為1m²設置一處。

   　　d.待灰誌養護硬化後，即可施作。

   (6) 梁灰誌設置：

   　　a.由牆面上等高墨線，丈量至梁側，並於梁側面上設置一等高墨線。

   　　b.由此等高墨線設置梁底陽角線及梁側頂灰誌。

   　　c.設置時需注意梁兩側面之等高、垂直、梁底等寬及梁長向之水平。

   　　d.梁側頂灰誌設置與版灰誌設置需對應。

   (7) 地坪灰誌設置：

   　　a.測量決定粉刷面高程。

   　　b.於室內牆面上測量設置等高點，每牆面設置二點。

   　　c.以尼龍線拉水平線作為基準線。

   　　d.以基準線為基準於牆腳四周設置灰誌，間距為1m²設置一處灰誌條。

   　　e.待灰誌養護硬化後即可施作。

C卷試題：（題型：相關施工作業──裝修木作、裝修泥作、裝修塗裝、金屬工程、玻璃及壓克力安裝作業、壁布壁紙窗簾地毯施工作業）

一、請依序說明一般室內房間實木門喇叭鎖之安裝程序。（4分）

答 1. 量測適當之安裝高度（一般常用之高度為90～105公分左右）。
2. 利用角尺同時依高度劃線於門片的正面、側面及門上。
3. 再依喇叭鎖之軸長，於門片之正面決定中心點之後再使用1.8寸之鑽頭鑽孔（須注意水平、垂直），鑽至鑽頭突出於背面門板後，再以相同方法從背面門板之突出孔，使用1.8寸之鑽頭予以貫穿之。
4. 之後於門片的側面及門上定中心點，而後再以8分之鑽頭鑽孔。
5. 接著再以喇叭鎖之心軸（舌簧）插入門之側面所鑽之8分孔，同時劃出喇叭鎖之心軸的框線，之後再用鑿刀挖孔，使喇叭鎖之心軸（舌簧）前之厚度與門片之側面平整，至於門片之門作法則亦與上述相同。
6. 將喇叭鎖之心軸（舌簧）用螺絲釘鎖上。
7. 然後依門扇之開啟方向，予以安裝喇叭鎖之主要構造於門片上。
8. 最後將門之鐵片用螺絲釘鎖上之後，再調整開關門之間隙即可。

二、市面上常見的玻璃加工處理方式中，請分別說明何謂冷加工及熱加工。（4分）

答 1. 冷加工：玻璃材料經成型穩定之後，加以切割、噴砂、拋光、鑲嵌、磨刻及彩繪等加工方式，稱之為冷加工。
2. 熱加工：先利用溫度將玻璃予以軟化之後，再根據不同之用途需求再予二次加工，主要為施予玻璃不同的溫度，使其符合加工操作之特性。如烤漆玻璃、強化玻璃、熔融玻璃、拉絲玻璃、熱塑玻璃、吹玻璃等，稱為熱加工。

三、室內裝修地面採用50cm×50cm塑膠地磚鋪貼，請試述其施工程序及注意事項。（6分）

答 1. 施工程序：
(1) 底層準備：鋪貼塑膠地磚之混凝土面須先依圖說規定做粉光平整，俟充分乾燥後始可鋪貼地磚。至於地板鋪貼前，應先將地面清掃乾淨，一般可採用電動清掃機或用水擦拭，使附著地面之灰塵或細砂能完全除去。
(2) 鋪設進行：先將房間尺度量準，於中間劃準垂直線，然後依此基準線向四邊鋪貼，同時隨時校正線縫整齊，鋪貼時按專業廠商技術資料指定用量，並將膠合劑平均塗布於底層上，且特製平齒刮刀刮平，而貼磚須邊線靠齊，以手掌壓緊貼實，使中間不得留有空氣，必要時應用特製小木槌輕擊，方能使其貼實平整。
(3) 進行順序：鋪貼進行之順序，可先沿基準線鋪貼一列，或是鋪貼標籤十字交叉點之四塊，之後再由中央向牆壁延伸。

2. 注意事項：
   (1) 當地磚鋪貼後，須以橡膠滾輪作充分的滾壓，藉以增加黏著之效果。
   (2) 由地磚接合處擠壓出之地磚膠合劑，須以濕布抹拭乾淨。如使用瀝青膠，則須先使用煤油擦拭，之後再以濕布抹淨，而後打地板蠟至光亮平滑為止。

四、室內裝修牆面採用壁紙裝飾，試列舉五種壁紙工程施作時所需的常用工具。（5分）

答 1. 布膠機：使壁紙能均勻的布膠。
   2. 美工刀：裁切掉多餘的壁紙。
   3. 捲尺：用以量測壁紙的長度。
   4. 長毛刷：主要為用在牛皮紙上之布膠。
   5. 短毛刷：推擠刷平壁紙之用。
   6. 刮刀：多為壓克力板，主要為擠壓、推平壁紙。
   7. 毛巾：擦拭多餘或溢出的膠水。

五、請述明一般鋁門窗按裝之施工要領為何？（3分）

答 1. 裝設開口必須預留比鋁門窗尺寸較大之開口。
   2. 按裝前須先行放樣，定出重要的三種按裝基準線。
   3. 此三種按裝基準線分別為垂直、水平以及進出之基準線。
   4. 鐵件扣件一定要牢接。
   5. 填充材要充實，避免有空隙。
   6. 外面再滿布防水處理及砂漿。

六、迎合時代需求玻璃產業結合高科技技術，產品日新月異，請簡述市面電控液晶玻璃的特性。（3分）

答 1. 通電時呈透明，斷電時呈乳白色不透明，可自由控制玻璃之透明與隱蔽。
   2. 本材料在高級建築裝飾材料（室內裝修材料）領域，可帶給設計師及消費者一個全新的選擇。
   3. 電控液晶玻璃除可運用於展示空間、天花板、浴室、淋浴間、診所、會議室外，更可作為窗戶、百葉窗、投影機布幕，或使用於天窗、專櫃展示及電控窗簾（遮光）等領域。

D卷試題：（題型：裝修工程管理——裝修工程估算表編製、裝修工程表格之填寫、工地安全衛生、申請建築物室內裝修竣工查驗及驗收、輕隔間及天花板施工作業、水電工程作業）

一、從事公共室內裝修工程，請述明施工廠商及監造單位應落實執行哪些查驗作業？（4分）

答 1. 廠商於施工過程應訂定自主檢查之查驗點，落實辦理自主檢查。
2. 查驗停留點由監造單位訂定。
3. 查驗停留點工作非經監造單位檢驗或同意，廠商不能進行後續工作。
4. 凡工作到達停留點前，廠商應以書面方式告知業主檢驗日期、時間、地點，俾利業主派員檢驗。

二、室內裝修工程完竣後，申請竣工查驗時，應檢附之何種圖說文件？（4分）

答 1. 申請書　　　　　　　　　　　　3. 室內裝修竣工圖說
2. 原領室內裝修審核合格文件　　　4. 其他經內政部指定之文件

三、請依序說明輕鋼架天花板施工作業程序。（4分）

答 1. 相關機電設備管道安裝：所有相關機電設備，如：空調、水電、燈具等相關設備之管道安裝。
2. 放樣：利用水準儀，依照建築物基準線定出水平基準線，同時定出長邊及短邊方向之天花板分割基準線。
3. 收邊料之安裝：依放樣後之高度以水平基準線投射於牆柱之面上，然後依其投射點，將收邊料釘於牆柱上。
4. 吊筋之安裝：依長邊及短邊方向之天花板分割基準線，同時每隔1.2m將吊筋附擊釘片，釘牢在樓版底、RC梁或掛鉤在鋼梁上，同時須注意相關機電設備之管道安裝固定，不要糾結在一起且需留設有日後檢修及維修之空間。
5. 天花板支架之安裝：使用水準儀或水線依設計高度，安裝主支架於吊筋上，再安裝副支架，同時使主副支架平行於該空間之主副軸。
6. 相關機電空調穿線與器具安裝：當所有輕鋼架吊裝完成之後，讓空調、水電、燈具等相關設備之管路穿電線同時安裝器具。
7. 天花板料之安裝：俟空調、水電、燈具等相關設備穿線及器具安裝完畢之後，再以水準儀作最後一次之核校調整，如果完全無不良現象，則即可安裝天花板料。
8. 完工後檢查調整：完工後再根據所有施工部分予以檢查調整，確認無誤後報請勘驗。

四、請說明業界在照明設備中光源之燈系類型有哪些？（4分）

答 1.鎢絲燈系（白熾燈系）　2.螢光燈系　3.放電氣體燈系　4.LED燈系。

五、內政部建築研究所推動智慧建築評估手冊中對於室內照明用電密度基準以室內樓地板面積0～1000m²間，下列建築類型各為多少（W/m²）？(1) 辦公室？（W/m²），(2) 百貨商場類？（W/m²），(3) 旅館類？（W/m²），(4) 醫院類？（W/m²）。（4分）

答 (1) 辦公室20（W/m²）　(2) 百貨商場類30（W/m²）　(3) 旅館類30（W/m²）
(4) 醫院類30（W/m²）。

六、請分別概述工程管理對於「現場施工監控」之目標為何？（5分）

答 1. 品質管理：現場施工工法必須確實，同時依圖說之尺寸程序、步驟等施作，且材質必須符合規範，則必能達到一定之水準。
2. 成本管理：各種材料之運用必須妥善規劃盡量減少誤量誤作，否則在重做情況下必會提高製作成本，如搬運路線未妥善規劃造成大理石破裂而需重新施作，將提高成本。
3. 進度管理：現場施工進度是否依施工作業計畫進行，若進度落後時，則需查明原因立即改善，以維護施工進度。
4. 安全衛生管理：為維護工地安全及環境衛生整潔，施工現場之施工器具均應妥善予以管理。
5. 環境維護管理：為維護工地環境整潔，俾利施工進度得以如期完工且讓整體工地作業氛圍愉悅，同時運送廢棄物須依政府相關法令規定辦理。

A卷試題（題型：圖說判讀、丈量放樣、安全維護、施工機具）

一、依據中華民國國家標準CNS11567-A1042建築製圖規定寫出下列各符號所
　代表名稱。（20分）

　　（一）建築結構圖符號，構造編號「SRC」係表示？（4分）
　　（二）建築圖號中之英文代號「G」代表為何？（4分）
　　（三）建築圖符號CL表示為何？（4分）
　　（四）建築圖符號FL表示為何？（4分）
　　（五）建築圖符號GL表示為何？（4分）

　答（一）SRC：鋼骨鋼筋混凝土
　　　（二）G：瓦斯設備圖
　　　（三）CL：天花板線
　　　（四）FL：地板面線
　　　（五）GL：地盤線

二、某圖書館之室內裝修、窗簾盒與天花板施工大樣詳圖如下；請依圖示(1)～
　(5)之要求回答各問題。（20分）

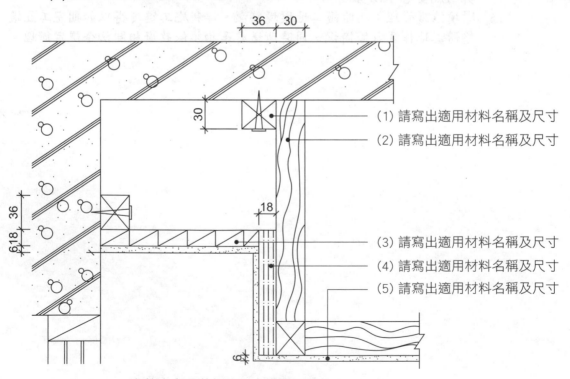

(1) 請寫出適用材料名稱及尺寸
(2) 請寫出適用材料名稱及尺寸
(3) 請寫出適用材料名稱及尺寸
(4) 請寫出適用材料名稱及尺寸
(5) 請寫出適用材料名稱及尺寸

窗簾盒與天花板施工大樣圖　　單位：mm

答 (1) 角材，30mm×36mm×150mm與RC樓板固定
(2) 吊筋（角材），36mm×36mm其長度依天花板高度而定
(3) 木心板，6分厚（約18mm）
(4) 夾板（合板），6分厚（約18mm）
(5) 矽酸鈣板、石膏板，1.5分～2分厚（約4.5～6mm）

三、依據中華民國國家標準CNS11567-1042建築製圖規定，下列給排水衛生設備符號代表為何？請依序作答。（20分）

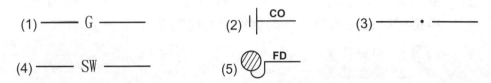

(1) —— G ——　　(2) |⊢ CO　　(3) —— · ——

(4) —— SW ——　　(5) ⊘ FD

答 (1) 瓦斯管
(2) 清潔口（地板下）
(3) 冷水管
(4) 排汙管
(5) 地板落水頭（附存水彎）

四、下列建築物室內裝修常使用的丈量放樣工具，請分別詳述其功能？（20分）

（一）水平連通管（俗稱水秤管）

（二）錘球

（三）氣泡水準器

（四）手持式雷射測距儀

（五）雷射墨線儀

答 （一）水平連通管（俗稱水秤管）：用來測定水平（度）。利用透明塑膠管（厚度約3分）內部注滿水後，依照連通管原理，作為量測水平高度用，同時使用畫線筆註記畫點，並輔以墨斗彈出墨線。

（二）錘球：用來測定垂直線。以左手姆指撐住線將錘球提起，同時將線上端對準已知點，另外右手使垂線停止擺動或旋轉，對準無誤後右手持畫線筆將對準點畫出。

（三）氣泡水準器：測定工作面的水平（度）。將氣泡水準器置於工作面，由上面氣泡位置調整工作面的水平（度）。

（四）手持式雷射測距儀：由於其本身有許多的規格，通常測量距離由0.05公尺至200公尺，且其測量精確度目前約為1.0～1.5mm，另外雷射點直徑與測量距離的關係在10公尺時為8公厘、50公尺時為30公厘，100公尺時為60公厘。其可以測量之功能為：面積/體積（土方）測量、空間計算、持續測量、使用畢氏定理間接測量、使用傾斜儀間接測量、延遲測量，另外配合軟體可以可作各種計算及繪圖。而且其內附（2倍）光學望遠鏡瞄準器及（3倍）數位瞄準器。

（五）雷射墨線儀：代替鉛垂決定垂直線、代替塑膠連通管決定相同高
程，射出雷射線代替墨斗彈出墨線的電子產品。原為二軸式，現
已經進步為三軸式，其操作方式為確定基準點後，調整水平（現
有自動水平微調），啟動電源，會射出兩條（二軸式）或三條
（三軸式）互相垂直的雷射光束（依廠牌而形成不同的功能），
依照光束彈線於工作面上即可，可用以確認工作面的水平度、垂
直度以及平整度與工作面間是否相互垂直。

五、依《勞工安全衛生組管理及自動檢查辦法》規定，現場施工技術人員應對
捲揚機裝置於每日作業前實施哪些檢點？（20分）

答 1. 制動裝置
2. 安全裝置
3. 控制裝置
4. 鋼索通過部分
　　以上為依《勞工安全衛生組管理及自動檢查辦法》第50條之規定：
「雇主對人字臂起重桿，應於每日作業前依下列規定實施檢點，對置於
瞬間風速可能超過每秒30公尺（以設於室外者為限）或四級以上地震後
之人字起重桿，應就其安全狀況實施檢點：
一、過捲預防裝置、制動器、離合器及控制裝置之性能。
二、鋼索通過部分。」

B卷試題：（題型：相關法規、相關施工──裝修木作、裝修泥作）

一、依《建築物室內裝修管理辦法》第3條，所稱「室內裝修之行為」所指為
何？（20分）

答 所稱「室內裝修之行為」係指除壁紙、壁布、窗簾、家具、活動隔屏、
地氈等之黏貼及擺設外之下列行為：
1. 固著於建築物構造體之天花板裝修。
2. 內部牆面裝修。
3. 高度超過地板面以上1.2公尺固定之隔屏或兼作櫥櫃使用之隔屏裝修。
4. 分間牆變更。

二、依據《各類場所消防安全設備設置標準》規定，各類場所消防安全設備設
置標準規定何種場所或樓層應設置自動撒水設備？（20分）

答 依據《各類場所消防安全設備設置標準》第2編第17條下列場所應設置自
動撒水：
1. 10層以下建築物之樓層，供第12條第1款第1目所列場所使用，樓地板
面積合計在30m²以上者；供同款其他各目及第2款第1目所列場所使
用，樓地板面積在1500m²以上者。

2. 建築物在11層以上，樓地板面積在100m²以上者。

3. 地下層或無開口樓層，供第12條第1款第1目所列場所使用，樓地板面積合計在1000m²以上者。

4. 11層以上建築物供第12條第1款第1目所列場所使用或第5款第1目使用者。

5. 供第12條第5款第1目使用之建築物中，甲類場所樓地板面積合計達3000m²以上時，供甲類場所使用之樓層。

6. 供第12條第2款第1目使用之場所，樓層高度超過10m且樓地板面積在700m²以上之高架儲存倉庫。

7. 總樓地板面積在1000m²以上之地下建築物。

8. 高層建築物。

　　前項應設自動撒水設備之場所，依本標準設有水霧、泡沫、二氧化碳、乾粉等滅火設備者，在該有效範圍內，得免設自動撒水設備。

※由於本題為出自法規之試題，因此內容須依法規之內容敘述，唯為讓讀者瞭解《各類場所消防安全設備設置標準》第12條之內容，以明白與本題之間的關聯性，特臚列如下：

《各類場所消防安全設備設置標準》第2編第12條各類場所用途分類如下：

1. 甲類場所：

   (1) 電影片映演場所（戲院、電影院）、歌廳、舞廳、夜總會、俱樂部、理容院（觀光理髮、視聽理容等）、指壓按摩場所、錄影節目帶播映場所（MTV等）、視聽歌唱場所（KTV等）、酒家、酒吧、酒店（廊）。

   (2) 保齡球館、撞球場、集會堂、健身休閒中心（含提供指壓、三溫暖等設施之美容瘦身場所）、室內螢幕式高爾夫練習場、遊藝場所、電子遊戲場、資訊休閒場所。

   (3) 觀光旅館、飯店、旅館、招待所（限有寢室客房者）。

   (4) 商場、市場、百貨商場、超級市場、零售市場、展覽場。

   (5) 餐廳、飲食店、咖啡廳、茶藝館。

   (6) 醫院、療養院、長期照顧機構（長期照護型、養護型、失智照顧型）、安養機構、老人服務機構（限供日間照顧、臨時照顧、短期保護及安置者）、托嬰中心、早期療育機構、安置及教養機構（限收容未滿二歲兒童者）、護理之家機構、產後護理機構、身心障礙福利機構（限供住宿養護、日間服務、臨時及短期照顧者）、身心障礙者職業訓練機構（限提供住宿或使用特殊機具者）、啟明、啟智、啟聰等特殊學校。

   (7) 三溫暖、公共浴室。

2. 乙類場所：

   (1) 車站、飛機場大廈、候船室。

   (2) 期貨經紀業、證券交易所、金融機構。

   (3) 學校教室、課後托育中心、補習班、訓練班、K書中心、前款第6

目以外之安置及教養機構及身心障礙者職業訓練機構。

(4) 圖書館、博物館、美術館、陳列館、史蹟資料館、紀念館及其他類似場所。

(5) 寺廟、宗祠、教堂、靈骨塔及其他類似場所。

(6) 辦公室、靶場、診所、社區復健中心、兒童及少年心理輔導或家庭諮詢機構、身心障礙者就業服務機構、老人文康機構、前款第6目以外之老人服務機構及身心障礙福利機構。

(7) 集合住宅、寄宿舍、康復之家。

(8) 體育館、活動中心。

(9) 室內溜冰場、室內游泳池。

(10) 電影攝影場、電視播送場。

(11) 倉庫、家具展示販售場。

(12) 幼稚園、托兒所。

3. 丙類場所：

(1) 電信機器室。

(2) 汽車修護廠、飛機修理廠、飛機庫。

(3) 室內停車場、建築物依法附設之室內停車空間。

4. 丁類場所：

(1) 高度危險工作場所。

(2) 中度危險工作場所。

(3) 低度危險工作場所。

5. 戊類場所：

(1) 複合用途建築物中，有供第1款用途者。

(2) 前目以外供第2款至前款用途之複合用途建築物。

(3) 地下建築物。

6. 己類場所：大眾運輸工具。

7. 其他經中央主管機關公告之場所。

三、試列舉8種室裝修工程浴廁牆面磁（瓷）磚剝落原因？（20分）

答 本題因未指出針對何種因素促使浴廁牆面磁（瓷）磚剝落，所以下列之答案僅係參考答案，只要原因正當，任何因素均有可能造成浴廁牆面磁（瓷）磚剝落，例如：材料即磁（瓷）磚本身的品質（燒製溫度不夠、過程不完全或瓷土品質不佳等）、施工方式（水泥、砂漿配比不足、海菜粉過期失去黏性、益膠泥塗抹不夠勻稱、磁磚黏貼後未壓平壓實致存留空氣等）、構造體本身之問題（壁體不平整、起砂等）、氣候環境因素（濕熱氣候造成膨管現象、冷熱溫度差異過大等）、外力因素（地震、火災或爆炸所引起的氣爆等），建議讀者在作答時可分成幾種類型之因素再臚列出個別的原因，這樣答題方式較佳，且又一目了然。

磁（瓷）磚剝落的原因很多，有因施作面不良、（磁磚、水、水泥、砂、添加物或益膠泥）本身品質不良或龜裂、黏著劑強度不足、施工法錯誤、黏著劑與水泥砂漿之界面的破壞等均有可能造成磁（瓷）磚的剝落。

※參考答案：

1. 磁（瓷）磚貼著之牆面（底床結構體）本身的膨脹。
2. 貼磁（瓷）磚之牆體內外的溫度差。
3. 磁（瓷）磚貼著之施工時機未能妥善掌握。
4. 磁（瓷）磚之伸縮勾縫未予以妥善預留。
5. 磁（瓷）磚之品質不佳（如：背溝紋路不深、吸水率過低等）
6. 磁（瓷）磚貼著完工後之初期養護未妥善為之。
7. 益膠泥塗布之厚度不足，或嵌入益膠泥中之厚度不足。
8. 因牆面磁（瓷）磚的顏色所致之吸熱性能的差異。
9. 構造牆體施工完成時間與牆面磁（瓷）磚貼著之時間差距未控制妥當。
10. 磁（瓷）磚貼著作業時，打底粉刷層因過分乾燥或磁（瓷）磚本身的吸水性過大，致使磁（瓷）磚益膠泥的水分被吸收而失去黏著強度。
11. 因未妥善養護構造牆體之牆面，於打底粉刷時未予清理完全。
12. 磁（瓷）磚貼著用之益膠泥因保水性差、乾燥快速，故於磁（瓷）磚貼附前即已硬化，缺乏黏著強度。

四、試依「材質」列舉市面上室內裝修常用之實木地板材料10種？（20分）

答 楓木、山毛櫸、胡桃木、紫檀木、紅檀木、柚木、檜木、花梨木、櫻花木、橡木（紅橡木、白橡木）、玉檀木、緬甸金檀木、緬甸花梨木、正紅花梨木、黃花梨木、越檜。

五、試說明鋼門扇、門樘運送、儲存及處理要領為何？（20分）

答
1. 鋼門扇製作完成經出廠檢驗後，需用聚乙烯（PE）膠布或聚氯乙烯（PVC）膠布包裝其外露部分，同時在四角採用瓦楞紙或其他適當材料包裝妥當，以防運輸時碰傷。
2. 運送至現場之產品應完好無缺。且搬運時應輕取輕放，用力均勻，不得任意拖拉，致使鋼料受損變形。
3. 產品儲存時應保持乾燥，並與地面、土壤隔離。同時置放時均應在適當墊料上垂直放置，不得平放、堆疊或負重。
4. 與混凝土或圬工牆接觸部分之邊緣，應預留1cm以上寬度且不得包覆以利粉刷。

C卷試題：（題型：相關施工作業——裝修木作、裝修泥作、裝修塗裝、金屬工程、玻璃及壓克力安裝作業、壁布壁紙窗簾地毯施工作業）

一、請列舉5種室內塗裝工程之施工一般應注意事項。（20分）

答 1. 準備工作（油漆施工前之表面處理）：

(1) 凡須油漆之底材表面，應予以適當的處理並充分的乾燥。

(2) 內外木作之表面須用砂紙磨光，將所有粗糙毛邊除去，然後將粉屑削去，油脂或汙物須用合格之清除劑除去，節疤、裂痕、釘眼、接頭、榫頭須以合格之嵌補材料嵌補之，俟乾硬後以砂紙磨平。

(3) 以刷、掃、真空吸塵或高壓空氣吹除之方式除去表面灰塵及鬆動之雜物。

(4) 在油漆前已完成之五金電器裝備及其他建築表面等，應要加強保護，以免油漆時汙染，必要時經工程司同意予以拆除，俟油漆工作完成後再重新按裝。

(5) 混凝土面及水泥砂漿粉光面，刮除隆起及其他突出物，以合格嵌補材料補平凹洞及裂痕，使其與表面紋理相吻合，俟乾燥後以砂紙磨平。

2. 施工方法：

(1) 有關塗料之調和、用量、塗膜厚度、稀釋及受漆面之處理等，應依製造廠商之技術資料之規定辦理。

(2) 依據廠商之建議方法塗刷塗料或依據下列資料辦理。

(3) 應待下層漆膜徹底乾燥後，再塗上層漆膜；如有表面不平整、垂流、橘皮等瑕疵現象，須先處理後再塗上層漆膜。

(4) 所有新完成之油漆面應作適當之保護至油漆層完全乾燥為止，經油漆之物件於油漆層未完全乾燥前，不得搬動或於物件上工作。

(5) 雨天、潮濕天氣或水氣凝結之表面，不適合油漆作業時，不得施工。

(6) 油漆得採用技術熟練之工人，以刷塗、滾塗或噴塗方法施工，務使油漆塗布成一均勻薄膜，表面色澤勻稱，不露任何刷痕、流痕、皺紋、起皮、脫殼等瑕疵。

(7) 在同一空間內，任何配合作業未完成前，不得進行末度面漆。

(8) 各種漆面，除設計圖或施工製造圖另有註明或另有專章規定者外，應依下列原則辦理，每一表面上各層油漆，應為同一生產商之產品。

※另外補充其他參考答案：

1. 環境影響所需改善之條例：

(1) 裝修施工環境應保持通風且使用電風扇電動排風機等適當之排放設備。

(2) 油塗料使用應經由專業技術人員施作且一各廠牌塗料桶上使用說明操作使用。

(3) 明令嚴禁止吸菸等有火源產生之行為發生並加強管制溶劑塗料等放置位置。

(4) 施作範圍之現場應將出入大門隨時間上且避免塗料溶劑氣味溢出影響其他住戶。

2. 被塗物表面施作須注意事項：

(1) 針對要施於塗裝作業之受漆面需完全乾燥，且含水率應在10%以下方能開始進行施作。

(2) 受漆面如有油漬、灰塵汙物應加以清潔去除。

(3) 受漆面如有凹陷、禿物不平等表面應先施於平整順滑之作業。

(4) 油漆施工前之表面處理，凡須油漆之底材受漆表面，應于且適當分乾燥以利塗裝作業品質之控制。

3. 各工項施工注意事項：

(1) 木作之表面塗裝：先使用砂紙漿受漆面表面磨光，並去處粗糙毛邊，再將粉塵清除乾淨，如有其他油汙，油漬等應先將其清除完成，另塗裝面有釘眼、接頭、裂痕應先以合格之敷貼嵌補材料之後使用砂紙再行磨光。

(2) 金屬物之光面塗裝：再受漆面塗裝前應先將其表面油酯，鐵屑、汙物等徹底清除另有鋸痕應先行處理，清除鋸痕後再進行研磨。

(3) 混凝土面及水泥粉光面：先行刮處吐出隆起及其他突出物，以合格之嵌補材料填補凹洞及裂痕，使其與表面紋理相吻合後再以砂紙磨平。

4. 塗裝施作工具使用注意事項：

(1) 一般塗料施作如以噴漆方式進行則其機具內容大致包含為①重力式噴槍②吸取式噴槍③壓送式噴槍，而使用何種噴槍方式施工應依環境場所之適用。

(2) 使用毛刷進行施作，一般大致分為①皮柄毛刷②直型毛刷③滾筒刷④油劃筆毛筆，其各種類之使用方式應依為毛刷之是用性來使用，如大面積作業應使用滾筒刷較有效率，利用油劃毛筆進行勾邊修邊等作用方式進行。

5. 保護措施及防治方法：

在塗裝作業進行前應先以完成之五金設備及其他建築裝修表面等加以保護以免塗裝作業時特其汙染，如有非必要之時應配合其它工種工程司進行討論進行方式，方能順利完成塗裝作業。

6. 完工、檢驗收：

在各施作程序完成之各階段，應與各查驗工程司進行各項目之塗料色別進行核對，當核對無誤後方能進行下一階段性塗布。清理時應採用合格之清潔劑，並加以充分保護以避免汙損或腐蝕鄰接材料。

7. 結論：

　　由於粉刷工作之施工材料及工具常遍布樓層各處，施工場地凌亂不堪，容易造成人員跌倒之傷害，故應妥善安排材料堆置、運送及施作計畫，並要求作業場所保持整齊，由專人定時檢查及清理。

※另外補充其他參考答案：

1. 氣候狀況：應選擇良好氣候條件，盡量爭取施工時間，表面潮濕含水率在10％以上時，氣溫下降低於10℃以下，空氣相對濕度超過85％以上，絕對不可塗刷，下雨或有霧，甚至表面凝結有露滴（結露現象）時，亦應停止施工，至於正中午時分塗刷溫度過高，易導致氣泡及附著不良。

2. 油漆調配及儲存：一般絕大多數之油漆在常溫時，非常安定，而氣溫過高時則其成分可能會彼此互相反應，使黏度變稠。再者如水性漆或乳膠漆等，則易受霜害，基於此，所以油漆不宜儲存於溫度過高或過低處。由於油漆之各項成分之比重互有差異，故在儲存時難免會有顏料之沈澱分離，因此在使用前，務必充分攪拌、調和，直至完全均勻為止，同時在施工中亦須保持繼續攪拌。部分油漆於開罐後，表面迅速結皮，此種趨勢在快乾型油漆則更為顯著，為必然現象。至於此一結皮於施工前，必須予以過濾除去，尤以噴塗施工時，更須特別注意，以免堵塞噴槍。

3. 施工方法：可分成刷塗、滾塗、無氣噴塗等方式。
　(1) 刷塗：刷塗之移動方向須上下及左右交互施工，且形成一網狀而邊角處則可用遮蔽膠帶防護，以增加美觀。
　(2) 滾塗：滾塗表面之沾漆要均勻，且施工時要以緩慢、均勻的速度，做上下及左右之滾塗，切勿使滾筒沾漆過多，尤其須特別注意鉚釘頭及焊接接縫處之施工。
　(3) 無氣噴塗：若物件需要較高膜厚之塗料，則以無氣噴塗法施工，本法較一般空氣噴塗法更有效，且其速度甚高、損耗輕微，可噴得較厚之漆膜。無氣噴塗法較一般空氣噴塗法略為繁複，且其噴槍壓力甚高，在操作時須特別注意安全。

4. 清理工具：塗刷工具於使用過後，應立即予以清洗，尤其針對快乾性油漆更須立即洗淨，至於水性漆則可用清水予以清洗。另外在使用噴塗工具時，如用畢須以同項油漆之調薄劑清洗，並須注意將噴嘴洗淨。

二、請列舉5種木製門窗玻璃裝配時應注意事項？（20分）

答 1. 準備工作：
　(1) 除另有規定外，所有門窗玻璃之安裝均須單獨為一整塊玻璃，不得拼接。
　(2) 依據施工製造圖或現場玻璃安裝處之開孔尺度，裁切玻璃使嵌合及空隙均符合要求。

(3) 玻璃表面須保持清潔，安裝表面不得有灰塵、腐蝕物及殘渣等雜物。

(4) 當玻璃周圍及框架溫度低於5℃以下，以及框架受雨、霜、水滴凝結，或其他原因而潮濕時，勿進行鑲嵌玻璃工作及勿使用液體玻璃填縫料。

2. 施工方法：

(1) 現場玻璃應依據設計圖說所規定之位置安裝，並與所核准之樣品相符合。

(2) 承包商應督導分包人安裝，並確認每片玻璃皆為所指定之型式及等級。

(3) 安裝用膠帶其長度應與玻璃完全相同，安裝至窗框後，其縫隙應密不透水，不得拉長或使膠帶變形。

(4) 將聚氯丁合成橡膠整塊置於玻璃片底部1/4長度位置，墊塊應使玻璃與框架距離至少1.5mm以上，並固定於玻璃之開孔位置上。

(5) 安裝並固定玻璃，以填縫料填滿玻璃與押條之間所有的空隙。

(6) 凡發霉、變色、斑點、扭曲、波紋之玻璃不得使用；其中雖已裝配如經發現仍須全面更換。

(7) 安裝須在氣溫高於5℃以上，且預測前24小時內不下雨之天候下完成。

(8) 應依據設計圖說及公共工程施工綱要規範「填縫料」之規定施打填縫料。

3. 清理：

(1) 驗收前須徹底清除所裝玻璃上之汙漬、油漆或其他有礙觀瞻之物，並擦拭潔淨。

(2) 安裝時若不慎沾上水泥、灰漿等應在未乾前以清水沖洗或濕布擦拭。

(3) 油酯類汙物則須以中性皂水或清潔劑洗除，並擦拭乾淨。

(4) 使用與填縫料相容之溶劑，清除多餘或汙染之填縫料。

※另外補充其他參考答案：

1. 切割玻璃以橫紋平行長軸為原則。
2. 普通窗玻璃應用寬小於50cm及面積小於0.5m²者為佳。
3. 窗玻璃若輕微弧面仍可使用，其凸面應朝外安裝。
4. 玻璃安裝宜在進行內部裝修工作時再予裝配。
5. 面積較大的玻璃，因尺寸較大本身重量亦重，不宜使用油灰裝配，普通3402（4.25mm厚）以上者，均以壓條裝配為原則，用於外面者，塑膠壓條可直接壓入槽內裝配，其他壓條應在玻璃與窗框或壓條接觸面充分舖嵌油灰以防滲水。

6. 商店陳列櫥用的大面積玻璃須安置於橡膠或毛氈墊層的窗框上，使其受力平均脹縮自如；窗框上以壓條裝配，槽的2面均需以油灰崁緊以防振動。
7. 舖油灰應力求密實，以防漏水。
8. 框料於舖油灰前若加以油漆可增加油灰的黏著力。
9. 玻璃自裝配完工階段，應作適當的保護，以防止玻璃汙染或破損，如為高級玻璃全部貼紙保護。
10. 磨砂或壓花玻璃其磨砂面或壓花面應朝內側安裝。

※另外補充其他參考答案：
　　玻璃的安裝，要使用矽酮蜜封膠進行固定，在窗戶等安裝中，還需要與橡膠密封條等配合使用。且玻璃在運抵安裝地時，可將玻璃稍微斜靠在牆壁，但在玻璃底下應放置二小木條（與玻璃垂直）以防止其滑倒摔破。

1. 裁切玻璃：所裁切的玻璃，應該要比所留的尺寸要小一點，以利施工。
2. 釘門窗木壓條以三角木或矩形木壓條為主，使玻璃安裝於嵌槽內，同時取所須木壓條長度，用鐵釘或銅釘固定壓條。
3. 切割以劃一次槽線為原則，切忌來回不斷劃線，以防齒角。
4. 切割玻璃劃線施力要適度，太輕割不出線痕，太重易引起靠槽線之玻璃破碎。
5. 普通玻璃應用寬50cm以下，面積0.5m²以下為宜。
6. 窗玻璃如有輕微縫隙，則仍可用矽膠填縫。
7. 面積大之玻璃不宜用油灰填置，應用壓條較適宜。
8. 舖矽膠時應力求密實，以防滲漏水。
9. 磨砂或壓花玻璃之安裝，其光滑面應朝外。
10. 施工時應注意搬運，切勿忘記邊角有撞痕及面有刮痕之疑慮。
11. 割玻璃刀之小輪須加煤油或切割油予以保養。

三、請說明室內裝修工程中舊壁紙之拆除流程及應注意事項。（20分）

答 1. 舊壁紙之拆除流程：
(1) 剝離舊壁紙之方法主要為使用一把直邊刮刀（有時亦會使用鋸齒邊刮刀）仔細施工、慢慢予以刮除。
(2) 在刮除舊壁紙時，不能出力太大，否則連牆面之水泥粉刷層亦會遭到破壞，致而留下太多需要填補之孔洞。
(3) 對於難以撕除之部分，須有耐心，要持續讓其吸水及刮削，直到壁紙表面軟化鬆脫為止。
(4) 至於標準壁紙則可用海綿浸泡溫水來擦拭，直到壁紙表面軟化且能刮除為止。
(5) 比較容易撕除之壁紙只需要將襯底紙剝除即可。
(6) 難以剝除之可洗式壁紙，則需要使用蒸氣剝離器予以協助處理。

2. 應注意事項：
   (1) 必須將原有壁紙都剝除乾淨，還原至裸牆為止。
   (2) 因為舊壁紙之接縫、剝落不分、氣泡或原壁紙之鮮明圖案都會透過新壁紙顯露出來，故須將舊壁紙清除乾淨。
   (3) 新上的黏膠可能會拉下舊壁紙，使得剛貼上之新壁紙前功盡棄，因此舊壁紙須清除乾淨。

※另外補充其他參考答案：
1. 撕去壁紙面層及部分可撕去底紙。
2. 針對難以撕去底紙部分，均勻塗布壁紙專用去除劑。
3. 用刮刀刮除經經專用去除劑塗布後軟化之壁紙底紙。
4. 將刮除乾淨之牆面以抹布或濕海綿擦拭乾淨即可。

四、請列舉5種天花板施工之可能界面項目。（20分）

答 1. 建築構體：牆壁、柱、梁、R.C樓版、窗簾盒、門、窗、防水。
   2. 施工項目：給（排）水配管、電氣配線（管）、照明器具、空調風管、空調設備機具、出風口及回風口、消防感知（應）器、消防配管（自動撒水系統）以及其他監視或智慧型設備之感應裝置及設備之配置。

※另外補充其他參考答案：
1. 天花板施作之樓板界面：需考慮上層施工之管線施作影響封天花板之時間。
2. 天花板四周相鄰隔間牆界面：隔間牆未立天花無從定邊界，無法固定。
3. 天花板上照明燈具界面：天花板需開口。
4. 天花板上空調、出風口界面：天花板需開口。
5. 天花板上機電、水電設備管線界面：天花板須預留維修孔口，且需機電、水電設備管線施作完畢，才能封天花板。
6. 天花板上消防及警報系統設備界面：消防撒水頭、偵煙器、廣播系統。
7. 天花板上之防火鐵捲門開口界面。
8. 天花板垂降式銀幕界面。

五、請列出至少10項室內裝修相關之弱電線路。（20分）

答 1. 電話線路：PBX系統、全數位式電話系統。
   2. 網路線路：ADSL、光纖系統、無線網路。
   3. 視訊線路：有線電視、無線電視、DVD播放機。
   4. 音響線路：音響及家庭劇院組。
   5. 廣播系統線路
   6. 偵煙器警報線路
   7. 瓦斯偵測警報線路
   8. 對講機系統線路：對講機、電鈴。

9. 保全門禁系統線路
10. CCTV監視線路：閉路監視系統、SA/BA安全監控系統。
11. 自動控制系統線路：遠端監控系統、智慧型控制系統。
12. 消防系統線路
13. 電腦線路：電腦主機及其週邊設備。

D卷試題：（題型：裝修工程管理——裝修工程估算表編製、裝修工程表格之填寫、工地安全衛生、申請建築物室內裝修竣工查驗及驗收、輕隔間及天花板施工作業、水電工程作業）

一、依《營造安全衛生設施標準》第17條規定，於高度2公尺以上工作場所之勞工作業時，為了防止墜落災害之虞者，應採哪些防止措施？請至少應列出5項。（20分）

答 1. 經由設計或工法之選擇，儘量使勞工於地面完成作業以減少高處作業項目。
2. 經由施工程序之變更，優先施作永久構造物之上下昇降設備或防墜設施。
3. 設置護欄、護蓋。
4. 張掛安全網。
5. 使勞工佩掛安全帶。
6. 設置警示線系統。
7. 限制作業人員進入管制區。
8. 對於因開放邊線、組模作業、收尾作業等及採取第一款至第五款規定之設施致增加其作業危險者，應訂定保護計畫並實施。

二、某室內裝修之主臥室配置如下圖，天花板淨高2.8公尺，請估算下列問題。
（20分）

（一）主臥室平鋪實木企口地板面積為多少坪（須列出計算式，不含損耗，計算至小數點以下第2位後四捨五入）？（10分）

（二）不考慮損耗下，需多少片3尺×6尺防潮夾板（須列出計算式，計算後進位成整數片）？（10分）

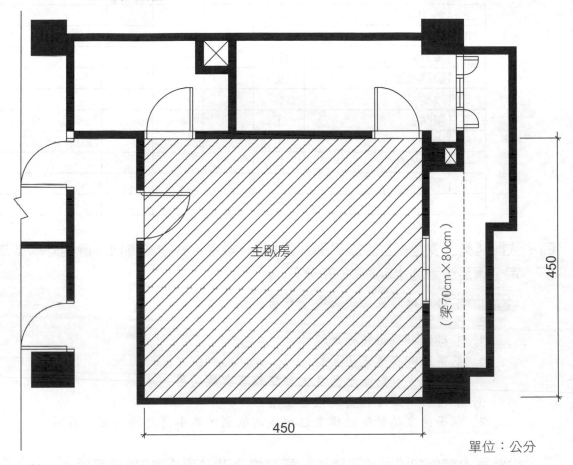

主臥房

（梁70cm×80cm）

450

450

單位：公分

 （一）所需實木企口地板坪數：
4.5m×4.5m×0.3025（坪/m²）＝6.125（坪）＝6.13（坪）
（二）所需3尺×6尺防潮夾板片數：
（4.5m/0.9m）×（4.5m/1.8m）＝12.5（片）→取13片

三、某工地牆面貼30cm×30cm面磚，每平方公尺之工料分析表應包括項目為何？請至少應列出5項並註明單位。（20分）

工程項目牆面貼30cm×30cm面磚					單位	m²
項次	工程名稱	單位	數量	單價	總價	備註
1	石英磚 30×30cm	片				
2	1：3水泥砂漿粉刷打底	m²				
3	勾縫水泥	包				
4	海菜粉	Kg				
5	磁磚收邊條	支				
6	放樣	式				
7	舖貼工	工				磁磚工、勾縫工
8	小工	工				小工、搬運工
9	工具損耗	式				
10	零星工料	式				
每 m² 單價計						

四、依據《勞工安全衛生設施規則》第159條規定，對物料堆放，應遵守哪些規定？請至少應列出5項。（20分）

答 1. 不得超過堆放地最大安全負荷。
2. 不得影響照明。
3. 不得妨礙機械設備之操作。
4. 不得阻礙交通或出入口。
5. 不得減少自動撒水器及火警警報器有效功用。
6. 不得妨礙消防器具之緊急使用。
7. 以不倚靠牆壁或結構支柱堆放為原則，並不得超過其安全負荷。

五、從事室內裝修如違反《建築法》第77條之2第1項或第2項規定者，（一）對建築物何者？（8分）（二）處新台幣多少罰鍰？（4分）（三）逾期仍未改善或補辦者得受何種處罰？（4分）（四）必要時強制拆除何部分？（4分），請依序回答前述問題。（20分）

答 從事室內裝修如違反《建築法》第77條之2第1項或第2項規定者，依照《建築法》第95條之1（《建築法》第8章罰則）規定：
（一）對建築物所有權人、使用人或室內裝修從業者。
（二）處新台幣6萬元以上30萬元以下罰鍰，並限期改善。
（三）逾期仍未改善或補辦者得連續處罰。
（四）必要時強制拆除其室內裝修違規部分。

102年建築物室內裝修工程管理術科試題

A卷試題（題型：圖說判讀、丈量放樣、安全維護、施工機具）

一、依據中華民國國家標準CNS11567-A1042建築製圖規定，下表(1)～(5)建築圖符號材料、構造圖例之名稱為何？（20分）

(1)		答 混凝土
(2)		答 玻璃
(3)		答 石材
(4)	裝修材 構材　輔助構材	答 木材
(5)		答 實硬之保溫吸音材

二、下圖為室內裝修高架實木企口地板施工大樣詳圖，請依圖示(1)～(5)之要求回答各問題。（20分）

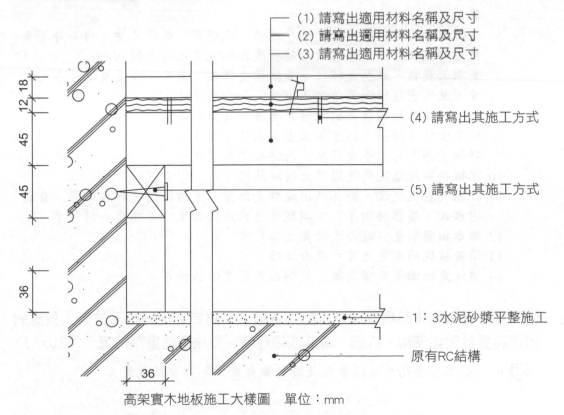

(1) 請寫出適用材料名稱及尺寸
(2) 請寫出適用材料名稱及尺寸
(3) 請寫出適用材料名稱及尺寸
(4) 請寫出其施工方式
(5) 請寫出其施工方式
1：3水泥砂漿平整施工
原有RC結構

高架實木地板施工大樣圖　單位：mm

答 (1) 6分（18mm）實木企口地板。
(2) 4分（12mm）夾板（防潮夾板）。
(3) 1.2寸×1.5寸（36mm×45mm）柳桉木角材，或1.5寸×1.5寸（45mm×45mm）柳桉木角材。
(4) 雙釘空氣槍固定。
(5) ST50以上空氣槍不銹鋼釘固定，或2"以上之鋼釘固定。

三、依據中華民國國家標準CNS11567-A1042建築製圖規定，下列消防設備符號代表為何？請依序作答。（20分）

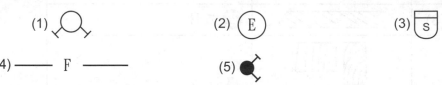

(1) ◯ (2) Ⓔ (3) S

(4) ——— F ——— (5) ●

答 (1) 消防送水口 (2) 緊急照明燈 (3) 偵煙型火警探測器 (4) 消防水管
(5) 自動灑水送水口。

四、請舉出10項建築物室內裝修工地丈量注意事項。（20分）

答 1. 應攜帶各種適當之丈量工具。
2. 詳細勘查現場周遭之環境狀況。
3. 繪製現場圖。
4. 丈量所使用之工具（量具如捲尺、高度計等）應事先校正，以免產生誤差。
5. 根據所選定之基準點後，依序逐項（或逐點）進行丈量，同時詳記各被量測處之尺寸，亦可使用總長度及總寬度之方式輔助。
6. 量測天花板、牆壁及樑柱等各結構之位置、高度、長度及寬度等尺寸，且需重複檢測其值之正確性（如對角尺寸等）。
7. 註記牆壁及結構體之構造材質及表面裝飾材等。
8. 確認管線及開關、插座等位置、高度及類型。
9. 詳細量測門窗大小及高度，同時確認其型式。
10. 記得拍照紀錄現場及周遭之環境狀況。
11. 註記天花板現況、燈具之出線口及位置、消防設備（如感知器、自動撒水頭、廣播設備等）空調風管及出風與回風口等亦應一併標示。
12. 標示相關裝置與設備之位置及其尺寸。
13. 須查核現場丈量之尺寸是否準確。
14. 須注意地面是否有高低差及牆面是否有凹凸面等。

五、依《勞工安全衛生組織管理及自動檢查辦法》規定，現場施工技術人員應對捲揚裝置於開始使用、拆卸、改裝或修理時，實施哪些重點檢查？（20分）

答 依《勞工安全衛生組織管理及自動檢查辦法》第46條規定：

1. 確認捲揚裝置安裝部位之強度，是否符合捲揚裝置之性能需求。
2. 確認安裝之結合元件是否結合良好，其強度是否合乎需求。
3. 其他保持性能之必要事項。

B卷試題：（題型：相關法規、相關施工——裝修木作、裝修泥作）

一、依《建築物室內裝修管理辦法》規定所稱「室內裝修從業者」為何？及其各自之「業務範圍」為何？（20分）

答 1. 係指開業建築師、營造業及室內裝修業。
2. 依法登記開業之建築師得從事室內裝修設計業務。
3. 依法登記開業之營造業得從事室內裝修施工業務。
4. 室內裝修業得從事室內裝修設計或施工之業務。

二、某社福機構針對殘障復健中心進行整體裝修，請依序回答下列問題：（20分）

（一）依《建築技術規則》規定，本場所屬於哪一類建築物之範圍？（5分）

（二）依《建築技術規則》規定，試問進行整體室內裝修時，其所使用之內部裝修材料有受何種限制？（15分）

答 （一）F-2類，社會福利，身心障礙者福利機構。
（二）

建築物類別	組別	供該用途之專用樓地板面積合計	內部裝修材料（居室或該使用部分）	內部裝修材料（通達地面之走廊及樓梯）
F類（衛生、福利、更生類）	全部	全部	耐燃三級以上	耐燃二級以上

三、請依附圖（牆面磁磚施工大樣圖）(1)～(5)要求回答各問題。（20分）

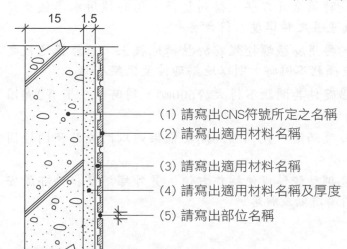

15   1.5

(1) 請寫出CNS符號所定之名稱
(2) 請寫出適用材料名稱
(3) 請寫出適用材料名稱
(4) 請寫出適用材料名稱及厚度
(5) 請寫出部位名稱

答 (1) RC（鋼筋混凝土）
(2) 磁磚（或丁掛磚、馬賽克、面磚等亦可）
(3) 益膠泥（高分子樹脂磁磚黏著劑）或（純水泥漿加海菜粉）
(4) 1.5cm厚1：3水泥砂漿粉刷層
(5) 勾縫（或伸縮縫、間縫、嵌縫、抹縫等均可）

牆面磁磚施工大樣圖　單位：cm

四、某辦公室之室內裝修，其立體天花板施工大樣詳圖如下；請依圖示(1)～(5)要求回答下列各問題。（20分）

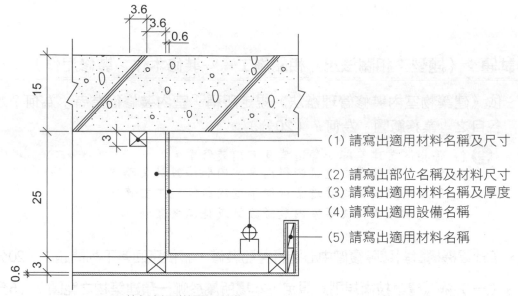

天花板剖面詳圖　單位：cm

答 (1) 1寸×1.2寸柳桉木角材（結構角材）（或3cm×3.6cm柳桉木角材）
　　(2) 吊筋角材，1寸×1.2寸柳桉木角材（或3cm×3.6cm柳桉木角材）
　　(3) 2分矽酸鈣板（耐燃材料或水泥板、鑽泥板等，0.6cm）
　　(4) T5層板燈（或T5日光燈、照明燈具、LED、T8日光燈等）
　　(5) 6分木心板（或實木板、夾板等亦可）

五、請說明鋼門扇、門樘之施工安裝步驟及注意事項。（20分）

答 1. 安裝步驟：
　　(1) 依照設計圖說，針對泥作或木作預留適當門孔位置及尺寸，同時須留伸縮空間以利門樘之祖立。
　　(2) 立門樘（門斗）時須垂直方整，排列整齊，同時須用水準儀及鉛錘以求其水平及垂直之精準度，符合要求。
　　(3) 調整框架底部，再用膨脹螺栓錨碇於結構地板上，若結構地板之高程與完成地板高程不同時，則以地錨延伸至框架底部。
　　(4) 框架與構造之錨碇件其間距不得大於600mm，同時至少需有2處固定點。
　　(5) 框架須用水泥砂漿滿灌，乾式牆隔間之框架則以門栓片及門樘固定件固定。
　　(6) 安裝鉸鏈，適度調整鉸鏈以使操作方便，另外螺絲及扣件亦應安裝穩固，不使門扇滑動或脫落。

(7) 安裝門扇，應使其操作平滑容易，無黏滯、彎曲及產生尖銳音等，使用五金另件時，應按照五金製造商之樣版及說明書指示，調整五金使其操作方便，螺絲及扣件亦應安裝穩固，不使門扇滑動或脫落。

(8) 安裝門鎖，應注意其高度及兩邊與側面開孔之位置與孔洞大小須符合門鎖及門把之需求，務使門把及門鎖之操作順暢平順。

(9) 安裝門弓器，須注意其平整度，同時調整其開啟角度及範圍以利使用。

(10)成品保護，完成後須加以擦拭整潔，同時對於五金部分予以查驗是否牢靠穩固。

2. 注意事項：

(1) 鋼門扇及門樘之材料品質應符合規定。

(2) 凡屬鋼門扇及門樘之鋼板、不銹鋼板等及門樘部分各組件所使用之材料均應符合各材料規格或CNS之材料規定。

(3) 運送至現場之產品應完好無缺，同時搬運時應防止碰撞及刮傷。

(4) 產品儲存時應保持乾燥；並與地面、土壤隔離。

(5) 門孔丈量之尺寸要正確。

(6) 安裝時注意水平及垂直之精準度。

(7) 地鉸鏈埋入地面要牢靠。

(8) 完成後不要馬上使用，應過一段時間再用。

※另附其他參考答案：

1. 須經現場測量，以確定鋼門尺寸無誤。
2. 檢查預留開口，若與鋼門尺寸有偏差，應予修正調整。
3. 留意預留開口處不得有混凝土、水泥砂漿或其他施工材料之殘渣沾黏。
4. 使用放樣工具（如：墨斗）進行標示安裝之基準墨線。
5. 安裝門樘須垂直、平整，最好使用鉛錘及水線或借用水準儀等輔助工具量測定位。
6. 注意鋼門樘之安裝應與其他工程密切配合（如：砌磚牆或乾式牆面施工等）。
7. 針對電銲處應先去除油漆、鍍鋅層等，之後才能進行電銲。
8. 調整門樘底部直到設計之高度與出入口位置，同時門樘之各項繫件應固定於結構體內。
9. 至於門樘與牆壁相接處，應依設計圖說之規定予以封邊，且間隙亦應使用1：3水泥砂漿填滿。
10.對於室外門之室外部分與牆面連結處，於粉刷時應預留1.0cm之凹槽，並以防水填縫材料封邊，避免雨水滲入。
11.鋼門樘及門扇應安裝正確，並調整其五金，使其操作平順容易，啟閉順利自如且無雜音。
12.鋼門表面應用清潔劑予以擦拭清潔汙垢之部分。
13.施工場地應予整理清潔乾淨。

C卷試題：（題型：相關施工作業──裝修木作、裝修泥作、裝修塗裝、金屬工程、玻璃及壓克力安裝作業、壁布壁紙窗簾地毯施工作業）

一、請列舉5種塗裝作業之環境及人員應注意事項。（20分）

答 1. 雇主對於油漆作業場所，應有適當之通風、換氣，以防易燃或有害氣體之危害。
2. 雇主對於噴漆作業場所，不得有明火、加熱器或其他火源發生之虞之裝置或作業。
3. 塗裝人員應使用保護用具及服裝。
4. 燈光照明全部採用防爆型燈具，特別注意到架板上燈光之亮度。
5. 在該範圍內揭示嚴禁煙火之標示。

※另附其他參考答案：
1. 警示與標示：對於防止爆炸、起火必要的標示措施，應於塗裝作業之場所，防止塗料及溶劑的起火燃燒，因此應在塗料之專用放置場所設置「嚴禁煙火」之標誌。
2. 溶劑氣體之檢查：在塗裝區域內之瓦斯濃度應予測定，以防患事故發生。
3. 保護用具及服裝：儘量使用輕便之服裝及使用保護眼鏡與口罩。
4. 通風：對於通風不良之施工作業場所，應予裝設通風設備，以滿足必要之通風量。
5. 照明：應使施工作業之空間內具有足夠之採光或照明，同時宜使用防爆型燈具。
6. 輔助機械之使用：於使用噴塗機噴漆時，應裝設地線以防止靜電的發生。
7. 作業主管之設置：工作場所應設有作業主管，以監督及指導施工作業環境與人員之安全。
8. 應於塗裝作業空間內設置有作業人員短暫休息之區域，以防止連續作業產生作業人員疲勞及昏眩之情形發生。
9. 對於高架作業應設置有相關之防護設施。
10.對於局限之空間應訂定有危害之防止計畫，同時依相關規定辦理。

二、建築物門、窗或隔間、欄杆、扶手等使用之玻璃可區分為一般功能及特殊功能等，請列舉任何五種功能並簡述之。（20分）

答 1. 強度功能──水平強化安全玻璃：水平強化安全玻璃是將一般平板玻璃加熱至接近軟化點時，在玻璃表面急速冷卻，使壓縮應力分布在玻璃表面，而引張應力則在中心層，因使外壓所產生之引張應力，被強大壓縮應力所抵銷，增加玻璃使用之強度及安全度。
2. 安全功能──防爆安全玻璃：防爆安全玻璃係採用單片或二片以上浮式平板玻璃與polyester film或polycarbonate以特殊凝集破壞結構力具有柔軟、強韌之高分子樹脂中間膜塑合鋼膠合成一整體，即成「防盜、防爆安全玻璃」。

3. 防火功能——防火玻璃：為一種具有防火功能之建築外牆用帷幕牆或門窗玻璃，係採用物理與化學之方法，對浮式玻璃進行處理而得到，其在1000℃火焰衝擊下能保持90～183分鐘不炸裂，從而有效阻止火焰與煙霧之蔓延。
4. 造型功能——彎曲玻璃：係將玻璃置於模具上加熱後依玻璃自身之重量而彎曲，再經徐冷之後而製成，主要用於建築物之外觀、室內之隔間裝潢、樓梯扶手、門面玻璃等皆可弧形化以增添建築景觀及發揮其特色。
5. 隔熱功能——低輻射玻璃（Low-E玻璃）：以鍍膜之方式處理之玻璃，可減低室內外溫差而引起之熱傳遞。

※另附其他參考答案：
1. 裝飾功能——曲面玻璃：係將玻璃予以二次加工，不僅可做成各種角度之彎曲及球面，亦可做成膠合曲面玻璃、複層玻璃等，一般多做為裝飾、燈飾等用途。
2. 透光功能——普通平板玻璃：可分為透明平板玻璃及磨砂平板玻璃二種。透明平板玻璃係以機器由熔解窯輥壓軋成表面平滑透明之玻璃；磨砂平板玻璃則以前述之透明平板玻璃使用磨砂、噴砂或腐蝕等適當方法使其中之一表面喪失其原有的光滑度，製成透光而不透明（以減少透視性）之玻璃。一般適用於建築物車輛等之門窗、家具、櫥櫃及其他加工等用途；磨砂平板玻璃亦適用於建築物之門窗、家具、櫥櫃、隔屏等透光而不透明（以減少透視性）之用途。

三、請說明室內裝修工程中方塊地毯施工流程並說明其內容。（20分）

答
1. 地面檢查及整修：方塊地毯施工前須先行檢查、補修及清理地面，如水泥地面起砂嚴重時須重新粉刷，有凹陷坑洞須填平，凸起之地面須敲除磨平並徹底清除地面積垢、灰塵及雜物等。
2. 使用老舊地板材時：若老舊地板材為地毯（或方塊地毯）時，須先拆除之並將海綿、接著劑清理乾淨後，再按前述步驟實施。若老舊地板材仍結實堪用時（如PVC地磚、磨石子、木質地板等），僅需局部整修將不平坦處補平，並將地面臘去除。
3. 劃基準十字線：為利最初之鋪貼工作，以防止滑動現象，確保鋪貼之平直，可利用一般地磚放樣之方法，決定地面中心點，再利用角尺量取90°，或以幾何方法畫出垂直平分線。
4. 塗布接著劑：在主要固定地方（基準十字線、出入口、傾斜面、走廊全部及人員出入頻繁地方等）全面塗上與塑膠相容且易於剝離之接著劑或雙面膠帶，同時以油漆滾筒塗布大於50cm之帶狀接著劑。
5. 鋪貼方塊地毯：第一塊方塊地毯沿中心點基準十字線固定，再沿著基準線正確鋪貼，至於相鄰之地毯通常均依方塊地毯背面箭頭方向垂直鋪貼，基準十字線固定後其餘按階梯方式鋪貼。而鋪貼時地毯應對齊，兩手將側邊絨毛往內撥，不可將絨毛夾在接縫，同時鄰毯適度貼緊勿壓太緊，否則地毯會拱起來。另外地面配線、接頭及開孔應預先規劃處理再進行鋪貼之工作。

6. 裁割方塊地板：裁割必須於毯背進行，一般使用美工刀即可，舖貼在邊緣之地毯無論是整片或已裁片都必須使用接著劑固定。

7. 調整及固定：舖貼地毯時應時常檢視相鄰地毯是否對齊，當一塊超出另一塊邊緣2mm以上時應即調整。若舖貼場地邊緣不是靠近牆緣之開放空間時，必須以地毯專用壓條固定並美化之，還有先將壓條以永久型接著劑固定於地面，再將毯邊置入壓條邊框內。

8. 檢查及清理：將裁割之地毯邊毛不切齊之部分予以修剪，並檢查整體舖設之絨毛方向與緊密度，且針對缺失做必要修正，至於殘碎片、絨毛絲及其他雜物等應全部清理運棄，同時整片之餘料放置亦應選擇適當地點。

※另附其他參考答案：
1. 地坪整平：利用補土之方式將地坪凹凸不平及縫隙予以補平，同時加以清潔。
2. 放樣：依據設計圖說或施工規範之規定及要求，進行地毯之施作放樣。
3. 塗膠：利用刮刀（版）將黏膠予以塗布於地板上。
4. 舖設：根據先前放樣之基準線舖設地毯，同時將每一片地毯依序拼貼緊密且須壓平並將空氣擠壓出來以防膨管情形發生。
5. 整平：依序調整每片地毯之平整度及花紋與色彩是否吻合。
6. 收邊：最後進行收邊及整理清潔之工作。

四、橫式軌道窗簾在工廠加工完成後，至現場裝掛步驟為何？（20分）

答 1. 確認到場所訂製之窗簾的樣式與規格確實符合原設計規範。
2. 檢視所有相關窗簾、軌道及配件。
3. 安裝窗簾滑軌護框，一般常用6分木心板釘固定於牆面，以保護窗簾。
4. 用電鑽鑽孔安裝窗簾滑軌，同時利用水平儀量測水平位置。
5. 用掛鉤將窗簾布吊於滑軌上。
6. 測試窗簾滑順，檢視無誤即驗收。

※另附其他參考答案：
1. 放樣（定位）：先將欲裝掛窗簾之窗戶予以定位軌道之位置。
2. 安裝軌道：根據軌道定位之距離及位置予以安裝、固定。
3. 安裝左、右　環：使用電鑽鑽孔，並以螺絲固定　環。
4. 完成：將窗簾吊掛於軌道上，即大功告成。

五、輕鋼架天花板上配置燈具施工時，請回答下列問題：（20分）

（一）施工前燈具及線路檢查，請列出5項注意事項。（10分）

（二）施工後供電測試，請列出5項注意事項。（10分）

答（一）

1. 所有的燈具、燈源、燈桿及安定器等，需使用經審查核可之廠牌或型式，並經進場檢驗合格。

2. 照明燈具需依照送審核可之施工圖位置安裝，並配合營建之裝修進度施工。

3. 照明燈具安裝前，需確認導電線業已施工完成，並符合標準。

4. 燈具之安裝、固定及導電線之接續等，需依規定施工。

5. 燈源之安裝需注意接頭之清潔。

6. 燈具安裝後，需除去污物並清洗擦亮，且於完工時將不良之燈源汰換掉。

7. 燈具電源之供電電壓及相數。

8. 燈具安裝位置、高度及角度。

9. 燈具電源之供電線材管徑。

10. 燈具電源之地線及火線之區分色彩。

11. 施工前關閉迴路供電。

12. 確認電流保護裝置無熔絲開關之安培數是否足夠。

（二）

1. 亮度測試、穩壓器、啟動器、接地、插座/開關狀況、燈具固定狀況、異音、異味等，檢查待測燈具之完整性，如燈具破損、變形則不應測試，應立即更換燈具。

2. 絕緣阻抗低於規定值時，恐有觸電、發生火災之虞，應修復絕緣後再做通電。

3. 確認開關之正常動作，點燈、熄燈及調光狀態等。

4. 電源接線、電池接線、燈管及燈座是否確實崁合。

5. 查詢待測燈具之額定電耗量參數及測試用電參數，並測量燈具容載條件以確認安全不超載。

6. 使用具絕緣保護之電工工具測試。

7. 檢查所有接線端是否有易於鬆脫之問題。

8. 檢查燈具及輕鋼架金屬部分是否有漏電現象。

9. 確認燈具點亮後之電流是否超過無熔絲開關之容許值。

10. 使用標準照度計量測桌面及地板面等驗收點之照度值，同時照度計須使用新購品或須經過認證校正者，方可使用。

D卷試題：（題型：裝修工程管理──裝修工程估算表編製、裝修工程表格之填寫、工地安全衛生、申請建築物室內裝修竣工查驗及驗收、輕隔間及天花板施工作業、水電工程作業）

一、從事室內裝修作業中，工地使用移動式施工架，為預防施工人員發生墜落災害，請列舉5項作業安全應注意事項。（20分）

答
1. 應有升降用梯或其他安全上下之設備。
2. 細長形施工架應設控索。
3. 在施工作業時，施工架應予固定，不能動搖。
4. 在施工架移至他處時，必須先確認移動所經之路線上有無障礙物。
5. 施工架上有作業人員時，不得移動。
6. 載重不可超過最大之荷載重量。
7. 工作平台四周需設置上欄杆及中欄杆與腳趾板。
8. 施工架設置之地點不得有妨礙工作人員通行之障礙物，同時需為平穩之場所，不得為斜坡或高低地面。
9. 工作台上不得再使用梯子或合梯。
10. 若於高差超過1.5m以上之場所作業時，應設置能使勞工安全上下之設備。
11. 需標示責任保管者。
12. 垂直爬梯需具有等間格並設置踏板，且頂端應突出工作台60cm以上。

二、依《營造安全衛生設施標準》規定，磚、瓦、木塊或相同及類似材料之堆放，應符合哪些規定？（20分）

答 依照《營造安全衛生設施標準》第35條規定，雇主對於磚、瓦、木塊或相同及類似材料之堆放：
1. 應置放於穩固、平坦之處。
2. 應整齊緊靠堆置。
3. 其高度不得超過1.8公尺。
4. 儲放位置鄰近開口部分時，應距離該開口部分2公尺以上。

三、依《建築物室內裝修管理辦法》規定，室內裝修工程完竣後，應有哪些人？會同室內裝修從業者向原申請審查機關或機構申請竣工查驗合格後，向直轄市、縣（市）主管建築機關申請核發何種文件？（20分）

答
1. 建築物起造人、所有權人或使用人。
2. 室內裝修合格證明。

四、如下圖所示，某室內裝修之孩童房，有一開窗（2.3公尺×1.5公尺）及二扇開門（2.1公尺×0.9公尺），平面式天花板無任何設施物其淨高2.8公尺，請列式計算該房間牆面及天花板（不含陽台）全面塗刷乳膠漆合計需多少坪數（計算後四捨五入取至小數點後第2位）？（小於0.5平方公尺面積部分不須扣除，如門窗開口或柱版重疊部分）。（20分）

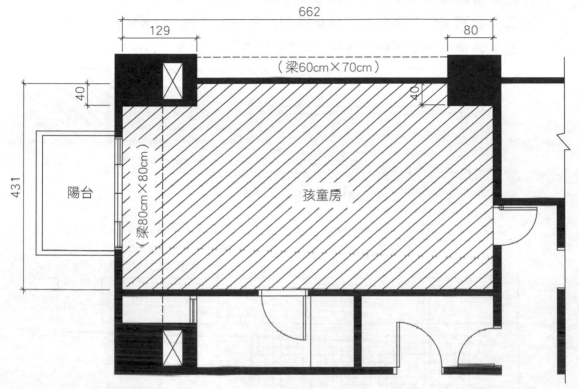

單位：公分

答 1. 天花板部分：6.62m×4.31m－（（1.29m×0.4m）＋（0.8m×0.4m））＝28.532m²－0.516m²－0.32m²＝27.696m²

2. 房間牆面部分：（6.62m×2＋4.31m×2）×2.8m＋（0.4m×2.8m）×2－（（2.3m×1.5m）＋（2.1m×0.9m）×2＋（1.29m＋0.8m）×2.8m）＝61.208m²＋2.24m²－3.45m²－3.78m²－5.85m²＝50.368m²

3. (1)＋(2)→27.696m²＋50.368m²＝78.064m²×0.3025＝23.61坪。
78.064m²÷3.24m²＝24.09（坪）或
78.064m²÷3.3m²＝23.66（坪）

※另附其他參考答案：
依題目說明小於0.5m²面積部分不須扣除，如門窗開口或柱版重疊部分：
1. 天花板部分：6.62m×4.31m－1.29m×0.4m＝28.532m²－0.516m²＝28.016m²
2. 房間牆面部分：（6.62m＋4.31m）×2×2.8m－（（2.3m×1.5m）＋（2.1m×0.9m）×2）＝61.208m²－3.45m²－3.78m²＝53.978m²

3. $(1)+(2) \rightarrow 28.016m^2 + 53.978m^2 = 81.994m^2 \times 0.3025 = 24.80$坪
   $81.994m^2 \div 3.24m^2 = 25.31$（坪）或
   $81.994m^2 \div 3.3m^2 = 24.84$（坪）

五、請依附圖計算下列數量（1尺＝30.3公分計算）：（20分）

　　（一）客廳電視牆珊瑚石片需多少才數？（8分）

　　（二）客廳展示高櫃強化灰色玻璃門片需多少才數？（6分）

　　（三）客廳展示高櫃強化玻璃5片層板需多少才數？（6分）

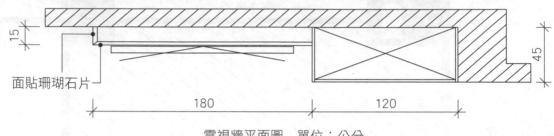

電視牆平面圖　單位：公分

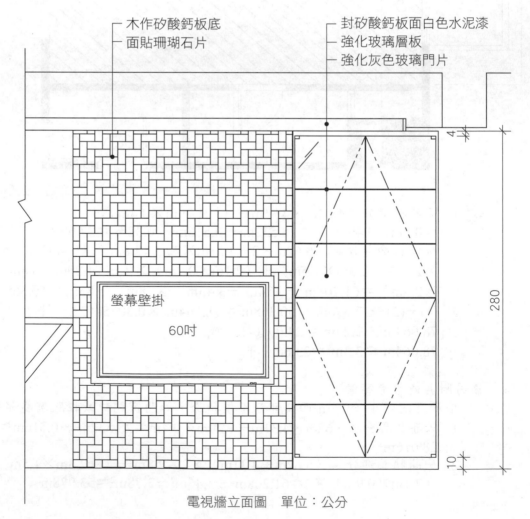

電視牆立面圖　單位：公分

（一）珊瑚石片部分：（0.15m＋1.80m）×2.80m＝5.46m²×0.3025＝1.65（坪）

5.46m²÷3.24m²＝1.69（坪）或

5.46m²÷3.3m²＝1.65（坪）

∵1坪＝36才，∴1.65×36＝59.459（才）≒59.5（才）或60（才）

1.69×36＝60.84（才）或61（才）

（二）灰色玻璃門片部分：1.20m×（2.80m－0.04m－0.1m）＝

1.2m×2.66m＝3.192m²×0.3025＝0.96558（坪）

3.192m²÷3.24m²＝0.9852（坪）或

3.192m²÷3.3m²＝0.9673（坪）

∵1坪＝36才，∴0.96558×36＝34.760（才）≒34.76（才）或35（才）（加記損耗）

0.9852×36＝35.47（才）≒35.5（才）或36（才）（加記損耗）

0.9673×36＝34.82（才）≒34.8（才）或35（才）（加記損耗）

（三）5片玻璃層板部分：（1.2m×0.45m）×5＝2.7m²×0.3025＝0.81675（坪）

2.7m²÷3.24m²＝0.833（坪）或

2.7m²÷3.3m²＝0.8182（坪）

∵1坪＝36才，∴0.81675×36＝29.403（才）≒29.4（才）或30（才）（加記損耗）

0.833×36＝29.988（才）≒30（才）（加記損耗）

0.8182×36＝29.46（才）≒29.5（才）或30（才）（加記損耗）

補充資料

一、簡述室內裝修工程放樣的目的？（5分）

> 答 放樣指的是在現有參考目標的地方，以準確的墨線將尚未施作的單元（柱、梁、版、牆、梯、線開口、門開口等等）標示於施作位置上。就是把平面圖、立體圖，依1：1的比例用墨斗把墨線彈在施工現場。如牆、門窗、隔間、砌牆、石材安裝的分割安裝線、天花板的高度等。彈出墨線以為施工的依據，提供施工人員施作依據之樣線（也可說明工程上的樣本），這個標示的過程就叫放樣。

二、室內裝修使用合梯（馬椅）施工架的注意事項？（6分）

> 答
> 1. 具有堅固之構造，材質不得有顯著之損傷、腐蝕等，並有安全之梯面。
> 2. 梯腳與地面之角度應在75º以內，且兩梯腳間有繫材扣牢。
> 3. 合梯之傾斜度，應以金屬扣件確實固定，以防滑倒或傾斜。
> 4. 使用合梯工作時，人員姿勢要正確。
> 5. 合梯施工架板應堅固耐用，兩合梯間施工板應按相關規定使用其強度決定其間隔。
> 6. 合梯施工架板最好兩片拼排放，使工作台寬度達40公分以上，施工架板要緊緊繫住，以免滑動。

三、室內裝修塗裝工程中，所使用之毛刷種類甚多，試舉常用四種形成及其使用場合？（4分）

> 答
> 1. 曲柄毛刷：用來塗刷隙縫、凹面折轉面等較小面積之用，如鐵窗、溝縫等。
> 2. 直型毛刷：一般油性或水性大面積平面作業。
> 3. 滾筒刷：用於高度黏度作業場所，如防火漆、紅丹油畫筆毛刷：用來勾勒、修邊、修飾、修補。

四、依《建築物室內裝修管理辦法》第29條之1規定，請問住宅或哪些樓層面積規定條件下如何申請核發室內裝修審查合格證明？（4分）

> 答 申請室內裝修之建築物，其申請範圍用途為住宅或申請樓層之樓地板面積符合下列規定之一，且在裝修範圍內以一小時以上防火時效之防火牆、防火門窗區劃分隔，其未變更防火避難設施、消防安全設備、防火區劃及主要構造者，得經第八條之審查人員查核室內裝修圖說並簽章負責後，准於進行施工。工程完竣後，檢附申請書、建築物權利證明文件及經審查人員竣工查驗合格簽證之檢查表，送請直轄市、縣（市）主管建築機關申請核發審查合格證：
> 1. 十層以下樓層及地下室各層，室內裝修之樓地板面積在300m²以下者。
> 2. 十一層以上樓層，室內裝修之樓地板面積在100m²以下者。
>   前項裝修範圍貫通二層以上者，應累加合計，且合計值不得超過任一樓層之最小允許值。

五、依《建築物室內裝修管理辦法》第20條規定，申請住宅整建、室內裝修審核時，應檢附下列圖說文件為何？（4分）

答 1. 申請書。
   2. 建築物權利證明文件。
   3. 前次核准使用執照平面圖、室內裝修平面圖或申請建築執照之平面圖。
   4. 室內裝修圖說。
      前項第三款所稱現況圖為載明裝修樓層現況之防火避難設施、消防安全設備、防火區劃、主要構造位置之圖說，其比例尺不得小於1/200。

六、某一業主，欲將溫泉飯店進行室內裝修，試問其行設計裝修前應注意哪些相關法規問題？（3分）

1.依建築技術規則規定，本場所應於哪一類建築物之範圍？

2.依建築技術規則規定，試問進行整體室內裝修時，其所使用之內部裝修材料有受何種限制？

答 1. B-4類組。
   2. 居室或該使用部分：耐燃三級以上。
   3. 通達地面之走廊及樓梯：耐燃二級以上。

七、在寫估價單時，在材料方面應該注意什麼？（4分）

答 1. 材料來源為進口或國產。
   2. 採購時間的確認。
   3. 材料是否有替代品或同等品。
   4. 材料是否獨家壟斷。

八、營造業職災類型的主要為「墜落」、「倒塌崩塌」、「感電」等三大類，其中又以墜落造成之災害死亡人數最多，如何防止職業災害？（4分）

答 1. 所有開口應以符合規定之護欄、護蓋、安全網等加以防護。
   2. 高處作業應使勞工確實配掛安全帶。
   3. 起重機具及人員應具備合格証明。
   4. 臨時用電設備應加裝漏電斷路器。
   5. 加強人員、機具進場管制。

九、配電箱裝置場所應符合哪些規定？（5分）

答 1. 有任何帶電部分露出之配電盤及配電箱應裝於乾燥之處所，並應有限制非電氣工作人員接近之設備。
   2. 配電箱如裝於潮濕場所或在戶外，應屬防水型者。
   3. 配電盤及配電箱之裝置位置不得接近易燃物。
   4. 配電盤及配電箱因操作及維護需接近之部分應留有適當工作空間。
   5. 導線管槽進入配電盤、落地型配電箱或類似之箱體，箱內應有足夠之空間供導線配置。

參考書目

1. 網路有關乙級建築物室內裝修工程管理技術士之部落格及相關網址。

2. 葉基棟、吳卓夫，2005，營造法與施工（上、下冊），臺北：茂榮。

3. 陳啟中，2005，建築設備概論，臺北：詹氏。

4. 石正義，2007，營造施工實務，臺北：詹氏。

5. 張維能，2010，建築法規，臺北：詹氏。

6. 茂榮編輯部，2009，最新建築技術規則，臺北：茂榮。

7. 內政部消防署，消防法及相關法規。

8. 行政院勞動部職業安全衛生署中區職業安全衛生中心，勞工安全衛生法相關法令。

9. 中華民國災害預防協會，2008，室內裝修設計及工程管理乙級技術士術科題庫彙編，臺北：詹氏。

10. 臺北市建築管理處、中華民國室內裝修專業技術人員學會編著，2008，護宅保命的教戰守則──室內裝修100問，11月第2版。

11. 田金榮，2008，乙級建築物室內裝修技術士術科題庫整理，臺北：全華。

12. 內政部建築研究所推動智慧建築評估手冊，2010，台北：內政部建築研究所。